普通高等教育“十四五”规划教材

普通高等学校动物科学类专业系列教材

家禽生产学实验实习指导

Experiment and Pratice Guidance of Poultry Production Science

张俊珍　主编

中国农業大學出版社
China Agricultural University Press
·北京·

内容简介

本教材是集综合性及实用性为一体的家禽生产学实验实习教材，包括两篇内容，8个实验和9个实习。本教材的内容与结构充分考虑了各院校课程设置形式与内容的差异，着眼于提高学生掌握实践操作技能，更好地适应素质教育和创新能力培养的要求，培养学生的自学能力和综合科研能力。

本教材适用于高等院校动物科学专业及相关专业家禽课程的实验、实践教学，也可供广大从事教学、科研和生产经营等领域的工作人员参考。

图书在版编目(CIP)数据

家禽生产学实验实习指导 / 张俊珍主编．--北京：中国农业大学出版社，2023.12

ISBN 978-7-5655-3077-7

Ⅰ.①家…　Ⅱ.①张…　Ⅲ.①养禽学-实验-高等学校-教材　Ⅳ.①S83-33

中国国家版本馆 CIP 数据核字(2023)第 193120 号

书　名　家禽生产学实验实习指导
Jiaqin shengchanxue Shiyan Shixi Zhidao

作　者　张俊珍　主编

策划编辑　张　程　　**责任编辑**　张　程
封面设计　郑　川　李尘工作室
出版发行　中国农业大学出版社
社　址　北京市海淀区圆明园西路 2 号　　**邮政编码**　100193
电　话　发行部 010-62733489，1190　　读者服务部 010-62732336
编辑部 010-62732617，2618　　出　版　部 010-62733440
网　址　http：// www.caupress.cn　　**E-mail**　cbsszs@cau.edu.cn
经　销　新华书店
印　刷　涿州市星河印刷有限公司
版　次　2023 年 12 月第 1 版　　2023 年 12 月第 1 次印刷
规　格　170 mm×228 mm　　16 开本　　7 印张　　130 千字
定　价　29.00 元

图书如有质量问题本社发行部负责调换

编 审 人 员

主　编　张俊珍（山西农业大学）

副主编　李建慧（山西农业大学）
王哲鹏（西北农林科技大学）

参　编　赵小玲（四川农业大学）
郑江霞（中国农业大学）
曹　蓉（湖南农业大学）
张怀勇（河南农业大学）
冷　丽（东北农业大学）
董元洋（山西农业大学）
张　娟（宁夏大学）
张永宏（吉林大学）
姚俊峰（上海市农业科学院）
李红梅（华南农业大学）
杨　潇（中国农业大学）
苗志强（山西农业大学）

主　审　郝瑞荣（山西农业大学）

前　言

家禽生产学实验实习指导属于应用型专业课程，实践无止境，理论创新也没有止境，其要求学生不仅要掌握理论知识，更要不断地掌握实验与实践技能。随着各高校的动物科学专业所开设的家禽生产学课程实验及实习的学时不断增加，加强基础学科、新兴学科、交叉学科建设，加快建设中国特色、世界一流的大学和优势学科，发展学生的专业技术操作能力，已是全面深化课程改革现实要求。本教材的编写本着坚持守正创新，坚持问题导向，坚持系统观念的原则，使教材内容符合课型特点。根据目前各高校实验、实践教学课程开设状况及社会对动物科学专业本科生实践能力需求情况，本教材的编写坚持以学生为中心，培养动物科学专业本科生生产实践能力，并在实践中加以检验和完善。

家禽生产学实验实习指导是一本指导性强和实践性较强的实验实习指导教程。本教材图文并茂、形象直观（彩图可通过二维码扫码获取），能够在传授专业知识的同时，使读者在学习中获得阅读的乐趣。

本教材共两篇，第一篇为实验一至实验八，为家禽生产学教学实验内容；第二篇为实习一至实习九，为家禽生产学教学实习内容。教学实验编写分工如下：曹蓉编写实验一，张俊珍编写实验二，张怀勇编写实验三、实验七，王哲鹏编写实验四、实验六，冷丽编写实验五，赵小玲编写实验八；教学实习编写分工如下：董元洋编写实习一，张娟编写实习二，李建慧编写实习三，苗志强编写实习四，张永宏编写实习五，姚俊峰编写实习六，李红梅编写实习七，郑江霞编写实习八，杨潇编写实习九。

由于编者水平所限，教材存在不足在所难免，希望广大读者提出宝贵意见，以便改正！

编　者

2023 年 5 月

目　　录

第一篇　家禽生产学教学实验

实验一　家禽外貌、骨骼解剖结构识别及体尺测定

一、实验目的

①掌握家禽的保定方法。

②熟悉并认识禽体外貌部位、羽毛的名称和常见冠形。

③了解家禽的骨骼解剖结构。

④掌握家禽体尺测量的方法。

二、实验材料及用具

公、母健康家禽若干只，家禽骨骼标本 1 副，家禽外貌名称图谱，鸡冠冠形图，羽毛类型名称图，体尺测定的相关图片以及视频，胸角器，游标卡尺，皮尺等。

三、实验要求

在学习了家禽生物学章节，掌握了家禽外貌、骨骼特点等理论知识后进行本实验。学生要具备一定动手能力和基本的实验操作技能。实验以 5 人为一组，实验操作过程分工协作完成。

四、实验内容

①保定家禽。

②家禽的外貌识别。

③家禽骨骼特点的识别。

④家禽的体尺测量。

五、实验方法

家禽的外貌形态以及禽体各部分的生长发育情况是反映其品种、性别、年龄和生产性能等的直观体现，因此，我们可以通过对家禽进行外貌识别以及观察家禽的发育情况来判断其性别、年龄等。

(一)保定家禽的方法

1. 抓鸡

一般使用右手中间三只手指夹住鸡的双腿,左手负责辅助顺利将鸡从鸡笼中取出。

2. 保定

左手大拇指和食指夹住鸡的右腿,再用无名指和小指夹住鸡的左腿,使鸡胸腹部置于左掌中,并使鸡的头部朝向保定者。

3. 鸭、鹌鹑的保定方法

与鸡的保定一致,鸭、鹌鹑因为体躯较小且较轻,所以不建议实施保定,应放在笼中或栅栏中进行观察。

4. 注意事项

注意不能捉鸡的尾羽、单翼或握提鸡颈。

(二)家禽的外貌识别

1. 家禽外貌部位的识别

家禽外貌部位主要分为头、颈、体躯、四肢,细分可分为头、颈、肩、翼、背、腰(鞍)、臀、胸、腹、腿、胫、趾和爪等,仔细观察并熟悉各个部位名称(图 1-1-1)。

家禽的体型特征为蛋鸡呈船形、肉鸭呈长方形、蛋鸭呈琵琶形。

1)头部特征

鸡的头较小,眼大,耳叶与小脑较为发达,常通过头部的形态和生长发育程度来辨别其品种、性别、生产性能和体质健康与否,其是家禽外貌选择中重要的部位之一。

(1)冠　家禽皮肤的衍生物,生长在头顶上,由结缔组织和软骨构成,富含血管。冠的发育受激素的控制,通常公鸡的冠较母鸡更为发达,是雄性的第二特征;产蛋鸡、高产鸡的冠比停产鸡、低产鸡的冠更为膨大、鲜红。冠形种类丰富,是家禽品种的重要特征之一,鸡常见冠形有 4 种基本类型(图 1-1-2)。

①玫瑰冠:冠体矮小且宽阔,前部较宽后部较尖,形成冠尾,冠的表层有许多小圆形突起。

②单冠:由喙的基部至头的后部,呈锯齿状的单片肉质结构。单冠由冠基、冠尖、冠叶 3 部分组成,其中冠尖的数目通过品种不同而显现不同。

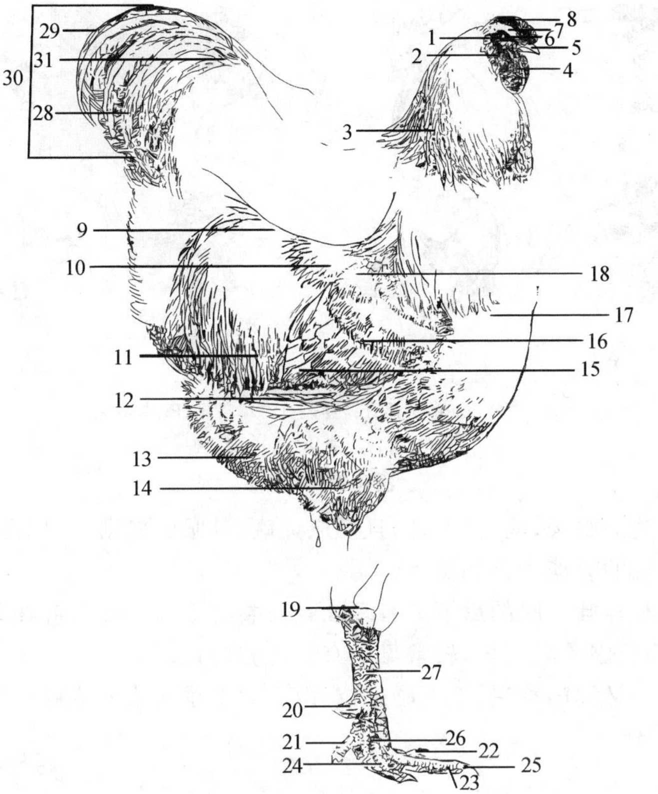

1. 耳；2. 耳叶；3. 颈羽(梳羽)；4. 肉垂；5. 喙；6. 眼；7. 头；8. 冠；9. 鞍(腰)；10. 背；11. 鞍羽(蓑羽)；12. 主翼羽；13. 腹；14. 小腿；15. 副翼羽；16. 翼；17. 胸；18. 肩；19. 踝关节；20. 距；21. 第一趾(后趾)；22. 第二趾(内趾)；23. 第三趾(中趾)；24. 第四趾(外趾)；25. 爪；26. 脚；27. 跖；28. 小镰羽；29. 大镰羽；30. 主尾羽；31. 覆尾羽。

图 1-1-1　鸡的外貌部位名称

③豆冠：由三叶小的单冠构成。中部一叶较突，所以又称三叶冠，冠尖低矮。

④草莓冠：呈草莓状复冠。与玫瑰冠类似，无冠尾，且冠体、冠尖较小。

其他冠型还有如杯状冠、羽毛冠、胡桃冠和刷状冠等(图 1-1-2)。

(2)脸　眼的四周裸露部分，皮单薄、毛较少且无褶皱。蛋用型鸡的脸清秀，肉用型鸡的脸圆润。

(3)喙　通过表皮衍生形成的特殊构造，是鸡觅食和自我防卫的器官。健康的鸡的喙短小、粗壮且弯曲。一般喙的颜色为黄色、白色和浅棕色等，与脚的颜色一致。鸡的鼻孔长在喙的基部，呈对称分布。

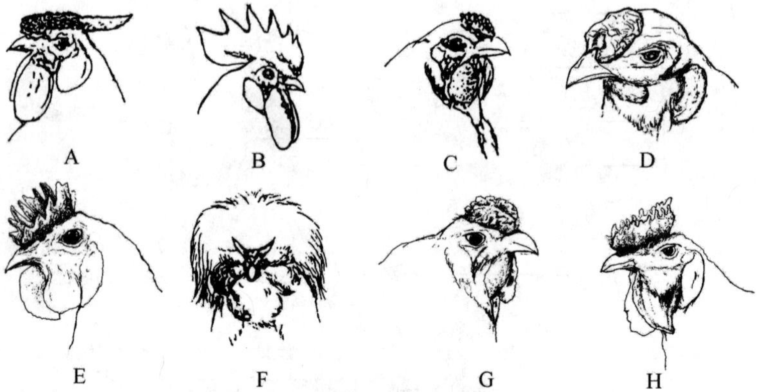

A. 玫瑰冠；B. 单冠；C. 豆冠；D. 草莓冠；E. 杯状冠；
F. 羽毛冠；G. 胡桃冠；H. 刷状冠。

图 1-1-2 冠形

(4)眼　鸡的眼圆，明亮，有神，且反应灵敏，其眼睑较薄，不同品种鸡的虹彩颜色不同，较常见的有淡青色和黑色。

(5)耳孔和耳叶　眼的后下方有耳孔且被卷毛覆盖。而耳叶在耳孔的下部，这两种器官的颜色因品种而异，较常见的有红色和白色。

(6)肉髯　又称肉垂，长于下颌部位，由下颌下垂而成的皮肤衍生物，左右大小对称。

2)颈部

鸡的颈部比较长且十分灵活，其由 13 块颈椎骨构成，而鸭和鹅的颈部一般由 14～15 块颈椎骨构成。一般情况下，肉用型鸡的颈部比较粗短，蛋用型鸡的颈部比较细长。

3)体躯

鸡的体躯主要由胸部、背部、腹部和腰部组成。

(1)胸部　心脏与肺所在的位置，健康鸡要求胸宽、深且胸肌发达，胸骨长且直，产肉量大。如现代高产肉率肉鸡品种，均为宽胸型，胸肌发达，产肉量大。

(2)腹部　消化器官和生殖器官所在的位置。应有较大的腹部容积。特别是产蛋母鸡，腹部容量要宽大且柔软，公鸡要紧密且不下垂。

(3)背部　蛋用型品种要求背腰稍长，肉用型品种要求背腰稍短，二者都要求背部长、宽、平、直。

(4)腰部　又称鞍部，一般生长在腰部的羽毛称为鞍羽。

4)四肢

鸟类的前肢发育成翼,适应飞翔,家禽也保留了这一特征。

(1)腿部　包括股、胫、飞节、趾和爪。其中,肉用型鸡的腿较短且粗,蛋用型鸡的腿较细且长,一般两腿之间的距离稍宽。有的品种有五个趾且外侧有毛,公鸡胫的内侧有距,母鸡的胫内侧有距的退化痕迹。

(2)后肢　鸡的后肢骨比较细长,其中股骨包入体内,并且十分发达,被称为大腿部。鸡的跖骨比较细长,在外貌部分习惯被称为胫部,跖部鳞片为皮肤衍生物,幼年时鳞片柔软,随着年龄的生长变得角质化,鳞片就会变硬,甚至向外突起。跖部会因品种不同而呈现不同的色泽。

5)几种家禽外貌的主要区别(表 1-1-1)

表 1-1-1　家禽外貌的主要区别

项目	鸡	鸭	鹅
头部	喙尖、细;有冠、肉髯和耳叶	喙扁、宽、平,边缘有锯齿,喙豆,头宽大,圆形,无冠、肉髯和耳叶	喙较扁平,边缘有锯齿,喙豆,上喙基部有肉瘤,颌下有垂皮
颈部	较短	较长	细长微弯弓
食管	有嗉囊	有食管膨大部	有食管膨大部
尾、腹部	公鸡有大小镰羽	公鸭覆尾羽有 2～4 根上卷,称"性羽"	母鹅腹部皮肤褶皱成肉袋,称"蛋窝"
脚	无蹼,公鸡胫上有距	有蹼、无距	有蹼、无距

2. 家禽羽毛的识别与生产应用

1)家禽羽毛的识别

家禽的羽毛具有第二性征,以鸡为例,其羽毛种类和构造见图 1-1-3。

(1)羽毛按构造可分为:正羽、绒羽、纤维羽(又称毛羽),见图 1-1-3。

①正羽:正羽覆盖鸡体外表,由羽轴和羽片构成。埋入皮肤的是羽轴根,连接羽片为羽轴茎。羽小枝通过羽纤枝相互勾连形成羽片。

②绒羽:包括新生雏初生羽和成禽的绒羽。绒羽有羽轴,其羽轴细而柔软,羽小枝末端无羽钩,因而不形成羽片。绒羽分布于正羽之间,在腹部分布较多,主要作用是保温,可以防止体热的散发。

③毛羽:(又称纤维羽)没有羽轴、羽片之分,小而纤细,仅在羽轴顶端游离着少数羽枝,主要分布在头颈部、体躯背部,形状像头发一样。

(2)鸡的羽毛按着生的部位可分为:颈羽(梳羽)、翼羽、鞍羽(蓑羽)、尾羽(镰羽)。

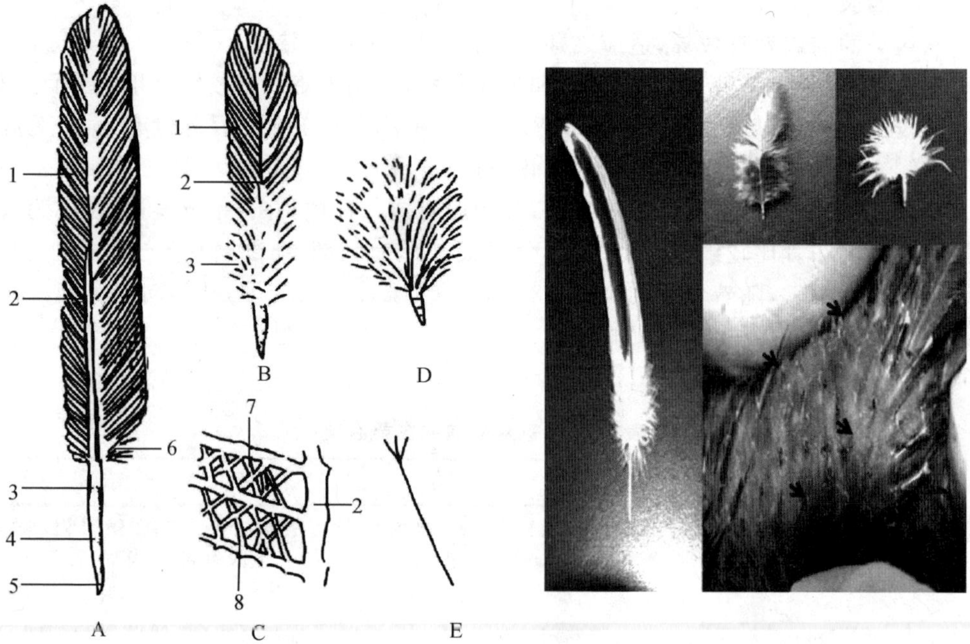

1. 羽片;2. 羽轴茎;3. 上脐;4. 羽轴根;5. 下脐;6. 后羽;7. 下行性羽小枝;8. 上行性羽小枝;
A. 正羽(翼羽);B. 正羽(胸羽);C. 正羽(部分扩大图);D. 绒羽;E. 毛羽。

图 1-1-3 鸡羽毛的种类和构造

①颈羽:着生于颈部。母鸡的颈羽短,末端钝圆,无光泽;公鸡的颈羽细长,末端尖,色泽艳丽且有光,又称梳羽。

②翼羽:鸡翼各部分的羽毛统称为翼羽。如图 1-1-4 所示,翼羽由主翼羽、副翼羽、覆主翼羽、覆副翼羽和轴羽组成。轴羽位于主翼羽和副翼羽中央的一根羽毛;主翼羽是轴羽向外侧数的 10 根羽毛;副翼羽是轴羽向内数的羽毛,一般有 11 根;覆主翼羽是每一根主翼羽上覆盖的一根较短的羽毛;覆副翼羽是每一根副翼羽上覆盖的一根较短的羽毛。此外,覆副翼羽向内侧依次为覆翼羽、翼肩和翼前。

③鞍羽:长在背后腰部的羽毛称为鞍羽。母鸡的鞍羽末端钝圆;公鸡的鞍羽较长,末端呈尖形,又称蓑羽。

④尾羽:生长于尾部的羽毛统称为尾羽。尾羽又分为主尾羽和覆尾羽。主尾羽位于尾羽尾部的末端,两侧成对排列。覆尾羽是覆盖在主尾羽上的羽毛,公鸡的覆尾羽发达,覆盖第一对主尾羽的为大镰羽,其余相对较小的为小镰羽。

2)家禽羽毛的生产应用

家禽的羽毛脱换和生长速度在生产中具有重要作用。

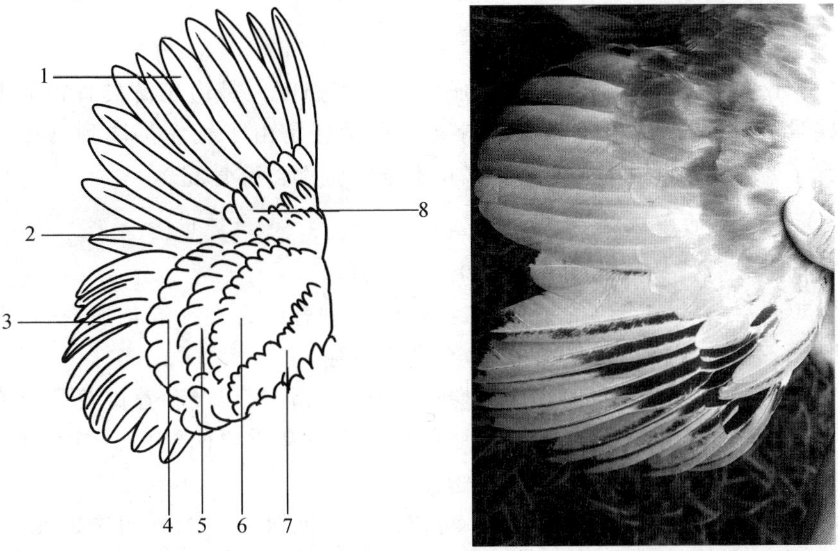

1. 主翼羽；2. 轴羽；3. 副翼羽；4. 覆副翼羽；5. 覆翼羽；6. 翼肩；7. 翼前；8. 覆主翼羽。

图 1-1-4　鸡翼羽各部位名称

(1)根据主翼羽脱换进程估测停产时间　母禽成年后，每年秋季换羽 1 次，一般换主翼羽时停产。高产母禽换羽时间短、速度快，每次可同时更换 2～3 根主翼羽；低产母禽换羽时间长、速度慢，每次仅能更换 1 根主翼羽。有研究表明，1 根主翼羽从旧的脱落到长成新羽约需 6 周时间，前后 2 根主翼羽从脱落到长成新羽相距时间约 2 周。可据此估测母禽的停产时间：

$$母禽换羽停产周数 = 6 + 2\left(\frac{a}{b} - 1\right)$$

式中，a 为已脱换并长成的新主翼羽根数；b 为每次同时脱换的旧主翼羽根数。

(2)根据羽毛长度进行雌雄自别　羽速基因位于家禽的 Z 染色体上，为伴性基因，控制羽毛生长的速度，由等位基因(K-k)控制，慢羽为显性而快羽为隐性。在生产中，快慢羽可用于自别雌雄，如使用快羽公鸡和纯合子(K-K)的慢羽母鸡进行交配，则在子代中母鸡全为快羽，公鸡全为慢羽。快、慢羽的区分主要根据初生雏鸡主翼羽和覆主翼羽的相对长度予以确定。其中，主翼羽明显长于覆主翼羽的初生雏鸡为快羽，判定为雌性，反之则判定为雄性。需要注意的是，慢羽又分为 4 种类型：所有主翼羽短于覆主翼羽，主翼羽和覆主翼羽等长，主翼羽未长出，翅前端 1～2 根主翼羽稍长于覆主翼羽，而其余等长。

（三）家禽的骨骼

禽类骨骼的主要特征是重量轻、强度大。其强度大是由于禽类骨密质非常致密，一些骨相互愈合，形成了牢固的骨架。重量轻是由于气囊扩展到许多骨的内部，取代了骨髓，成了含气骨。但幼禽几乎全部骨都含有骨髓。

1. 家禽骨骼的解剖特点

（1）前肢发育成翼　这使得禽类更擅长飞翔。

（2）鸡骨融合较多　鸡的锁骨、乌喙骨和肩胛骨结合在一起构成肩带，第七胸椎与腰椎、荐椎和尾椎也融合在一起，有利于飞翔。

（3）有气囊室　鸡的颅骨、锁骨、胸骨、臂骨（肱骨）、腰椎和荐椎等骨骼有气囊憩室。骨表面的气孔与气囊相通，这是鸟类适应飞翔需要的结构。当气管处于关闭状态时鸟类可以通过臂骨的气孔呼吸。

（4）胸廓可扩大　除第 1 对、第 2 对或第 7 对肋骨不与胸骨相连之外，其余肋骨均由两端构成，即椎骨肋和胸骨肋，有利于扩大胸腔。

2. 髓质骨

家禽的骨骼在产蛋期的钙代谢中起着重要作用。蛋壳形成过程中所需要的钙大部分由日粮供给，其余的则由髓质骨供给。鸡长骨的皮质骨与哺乳动物一样，髓质骨则是在产蛋期存在于母禽的一种易变的骨质。其构造是由类似海绵状骨质的相互交接的骨针构成。骨针含有成骨细胞和破骨细胞。在产蛋期中，髓质骨的形成和破坏过程交替进行。在蛋壳钙化过程，大量的髓质骨被吸收，使得骨针变短、窄。不形成蛋壳时钙就储存在髓质骨中，形成蛋壳时就动用髓质骨中的钙。母禽缺钙时可动用骨中 38% 的矿物质，若继续从皮质骨中吸取过多的钙则会发生瘫痪。

3. 家禽骨骼结构的认识

家禽的骨骼结构可以划分为头骨、躯干骨、前肢骨和后肢骨 4 个部分，鸡的骨骼结构部位名称见图 1-1-5。

1）头骨

家禽的头骨包括颅骨和面骨两部分。颅骨在早期已经愈合为一个整体，面骨较轻，无齿。上颌各骨联合形成上喙的支架，与颅骨间有活动性。而下颌骨形成下喙的基础。下颌骨和颞骨之间有特殊的方骨，它通过翼骨、腭骨等与上喙相连。

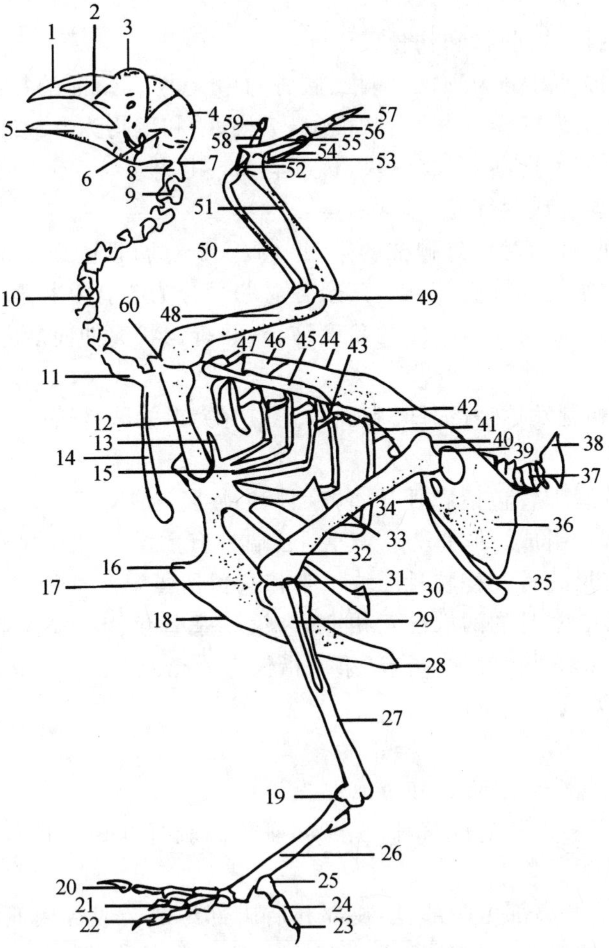

1. 颌前骨；2. 鼻骨；3. 泪骨；4. 枕骨；5. 下颌骨；6. 方骨；7. 枕寰关节；8. 寰椎；9. 枢椎；10. 颈椎；11. 最后颈椎；12. 乌喙骨；13. 胸骨乌喙突；14. 锁骨；15. 胸肋；16. 吻突；17. 胸骨(龙骨)；18. 胸骨嵴；19. 踝关节；20. 第三趾骨；21. 第二趾骨；22. 第四趾骨；23. 爪；24. 第一趾骨；25. 第一跖骨；26. 大跖骨；27. 胫骨；28. 剑突；29. 腓骨；30. 后内侧突；31. 膝关节；32. 髌骨；33. 股骨；34. 闭孔；35. 耻骨；36. 坐骨；37. 尾椎；38. 尾综骨；39. 坐骨孔；40. 髋关节；41. 椎肋；42. 髂骨；43. 钩突；44. 第六胸椎；45. 肩胛骨；46. 第二至第五胸椎；47. 第一胸椎；48. 臂骨；49. 肘关节；50. 桡骨；51. 尺骨；52. 腕关节；53. 腕骨；54. 第四掌骨；55. 第三掌骨；56. 第四指骨；57. 第三指骨；58. 第二掌骨；59. 第二指骨；60. 肩关节。

图 1-1-5　鸡的骨骼结构部位名称

2)躯干骨

躯干骨包括椎骨、肋骨和胸骨。

(1)椎骨　椎骨又分为颈椎、胸椎、腰荐椎和尾椎。颈椎的数目多(鸡 13～14 枚,鸭 14～15 枚,鹅 17～18 枚)。胸椎(鸡 7 枚,鸭和鹅均为 9 枚)大部分愈合在一起。腰荐椎(11～14 枚)愈合成一块,称综荐骨。尾椎(鸡 5～6 枚,鸭和鹅均为 7 枚)末端的部分愈合成尾综骨。

(2)肋骨　肋骨的对数与胸椎的数目一致。7 对肋骨中第 1 对、第 2 对,有时第 7 对肋骨的腹端不与胸骨相连。其余各对肋骨分为与脊椎相连的椎肋和与胸骨相接的胸肋。椎肋与胸肋以一定的角度结合,并有钩状突伸向后方,对胸腔的扩大有重要作用。

(3)胸骨　胸骨发达,背面凹,腹面的正中有突出的胸骨嵴。

3)前肢骨

家禽前肢的肩带骨包括肩胛骨、乌喙骨和锁骨。游离部骨由肱骨、前臂骨(桡骨、尺骨)和前脚骨组成。肱骨为含气骨,近端具有大的气孔。尺骨比较发达。前脚部的腕骨只有尺腕骨和桡腕骨 2 块。掌骨只保留了第 2 掌骨、第 3 掌骨、第 4 掌骨,第 2 掌骨、第 3 掌骨的两端已互相愈合,第 4 掌骨仅为一小突起。指骨也相应有 3 根,第 2 指、第 3 指有两个指节,第 4 指仅有 1 个指节。鸭、鹅则分别对应有 2 个、3 个、2 个指关节。

4)后肢骨

家禽的后肢骨分为盆带骨和游离部。

(1)盆带骨　盆带骨包括髂骨、坐骨和耻骨。耻骨细长。骨盆底呈现开放性,有利于禽类产蛋。

(2)游离部　游离部由股部、小腿部和后脚部组成。股部由股骨组成,比小腿骨短,鸭的更短,位于股部内侧。小腿部由胫骨和腓骨构成,胫骨较长而发达,在鸭、鹅中几乎为股骨的两倍,胫骨远端与近列跗骨愈合;腓骨较细,向远端逐渐退化。后脚部包括跖骨和趾骨。家禽的跗骨分别与胫骨和跖骨相愈合。公鸡跖骨内侧有距突,老龄母鸡可见发育不全的距。趾骨一般有 4 个,第 1 趾向后,其余 3 趾向前,第 3 趾最长。第 1 趾至第 4 趾分别有 2 个、3 个、4 个、5 个趾节骨。

4. 骨骼异常

1)胸骨弯曲

胸骨正常挺直、坚硬,若胸骨呈现“S”状弯曲或朝一侧弯曲,受栖木粗细的影响,对足趾的抓握有影响,胸骨压在栖木上造成一侧弯曲,也与动用骨中钙质过多有关。

2)软骨病

软骨病也称为幼禽佝偻病。缺乏维生素 D_3、钙磷,或钙磷失调,都会使幼雏易患佝偻病。

3)笼养鸡疲劳症

骨质疏松、鸡腿易折断或断翅,鸡无法站立,严重时影响鸡产蛋和存活。

5. 家禽体尺测量

体尺测量是为了精确记录家禽的体格特征,并鉴定家禽的生产发育情况。除胸角用胸角器测量外,其余均用游标卡尺或皮尺测量,单位以厘米(cm)计,测量值取小数点后 1 位。将测量数据记载于体尺测量记录表(表 1-1-2)。

表 1-1-2　家禽体尺测量记录表

编号	性别	测定项目										
		活重/kg	体斜长/cm	胸角/°	胸宽/cm	胸深/cm	胸围/cm	龙骨长/cm	胫长/cm	胫围/cm	髋宽/cm	半潜水长/cm

(1)体斜长　使用皮尺,测量鸡的锁骨前上关节到坐骨结节的距离,以了解鸡在体长方面的发育状况。

(2)胸角　使用胸角器,在龙骨前缘测量两侧胸部角度,以了解鸡的胸肌发育状况。

(3)胸宽　使用游标卡尺,测量两肩关节间的体表距离,以了解鸡的胸腔发育状况。

(4)胸深　使用游标卡尺,测量第一胸椎到龙骨前缘的距离,以了解鸡的胸腔、胸骨和胸肌发育状况。

(5)胸围　使用皮尺,绕肩关节和胸骨前缘一周测量,以了解鸡的肌肉与胸腔发育状况。

(6)龙骨长　使用皮尺,测量体表龙骨突前端到龙骨末端的距离,以了解鸡的龙骨长度与体躯的发育状况。

(7)胫长　使用游标卡尺,测量胫部(跖骨)上关节到第三趾、第四趾间的直线距离,以了解鸡在体高方面与长骨的发育状况,是衡量生长发育的重要指标。

(8)胫围　使用皮尺,测量胫骨中部的周长,以衡量鸡的骨发育状况。

(9)髋宽　使用游标卡尺，测量两髋关节间的距离，以了解鸡的腹腔发育状况。

(10)半潜水长　使用皮尺，测量从嘴角到髋骨连线中点的距离，其是水禽发育状况的衡量指标。

(四)不同用途鸡的差异

通过对鸡外貌部分的认识，鉴别蛋鸡和肉鸡(表 1-1-3)、健康鸡和非健康鸡(表 1-1-4)、高产鸡和低产鸡(表 1-1-5)。

表 1-1-3　蛋鸡、肉鸡外貌特征差异

外貌特征	蛋鸡	肉鸡
头部	清秀	粗大
颈部	较细、较长	较粗短
胸部	窄	宽
尾部	尾羽长	尾羽短
胫部	较细	较粗

表 1-1-4　健康鸡、非健康鸡的外貌差异

外貌特征	健康鸡	非健康鸡
眼睛	眼大有神	半闭无神
冠、肉髯	鲜红	发白、发紫、发黄
羽毛	羽毛贴身	羽毛松乱
腹部	大小适中	过大或过小
尾部	上翘	羽毛下垂
胫部	鳞片光润	鳞片无光泽并边缘翘起

表 1-1-5　高产鸡、低产鸡的外貌差异

外貌特征	高产鸡	低产鸡
头部	大小适中，清秀，头顶宽，呈方形	粗大或狭窄
喙	粗、短而宽，微弯曲	喙长而窄直，呈乌鸦嘴状
冠、肉髯	发育良好，细致，鲜红色	发育不良，粗糙，色暗
胸部	宽、深、向前突出，胸骨长直	窄、浅、胸骨短而弯曲
腹部	饱满而柔软，皮肤细致，有弹性，无腹脂硬块	皮肤粗糙，弹力差，过肥的鸡往往有腹脂硬块

续表 1-1-5

外貌特征	高产鸡	低产鸡
体躯	背部宽、直	背部短、窄或呈弓形
脚和趾	胫坚实,呈棱形,两脚间距宽,趾平直	两脚间距小,趾过细或弯曲
胸耻间距	4 指以上	3 指以下
耻骨间距	3 指以上	2 指以下

六、作业

①叙述公鸡和母鸡的颈羽、鞍羽和尾羽的区别。

②识别家禽的性别,鉴别健康鸡和病弱鸡。

③测量若干只不同种类、性别、年龄家禽的体尺指标。

实验二　家禽内部器官观察及屠宰性能测定

一、实验目的

学习家禽屠宰的方法和步骤，掌握鸡消化、呼吸、循环、泌尿和生殖器官的形态构造和位置，以及鸡的屠宰性能测定方法。

二、实验材料及用具

公、母健康家禽若干只，解剖和测量器械（解剖手术刀、手术剪、镊子、解剖瓷盘、解剖台、胸角器、皮尺、游标卡尺、天平等），盛血、盛鸡毛等的容器。

三、实验要求

在学习了家禽生物学、家禽品种和育种章节，掌握鸡解剖特点、家禽的屠宰性能等理论知识。具备一定动手能力和基本的实验操作技能。实验以 5 人为一组，实验操作过程分工协作完成。

四、实验内容

①家禽屠宰。
②家禽内部器官观察。
③家禽屠宰测定。

五、实验方法

（一）屠宰

1. 颈外放血法

左手握鸡两翅，将其颈向背部弯曲，以左手拇指和食指固定其头，同时左手小指钩住鸡的一脚。右手将鸡耳下颈部放血部位的羽毛拔净后用刀（或剪）切断颈动脉或颈静脉血管，放血致死，血放于盛血盆中。

2. 口腔内放血法

将鸡保定后，左手握鸡头于手掌中，并用拇指及食指将鸡嘴掰开，右手用剪刀与舌面平行伸入口腔至颈椎，剪断两侧颈静脉或颈动脉放血；或右手握解剖刀使刀背与舌面平行伸入口腔，待刀伸入至左耳部时将刀翻转使刀口朝下，用力切断颈静脉和桥形静脉联合处，然后再斜刀抽出转向硬腭处中央裂缝中部（两眼间）斜刺延脑，破坏脑神经中枢。此法使屠体没有伤口，外表完整美观，放血完全。

（二）内部器官观察

1. 观察前准备

（1）将屠宰致死的鸡只放于水盆中浸湿羽毛，尸体仰卧放置于解剖瓷盘中。

（2）切开胸侧壁与大腿间皮肤，用力掰开髋关节使其脱臼，两腿外展平放于解剖盘中。在胸骨剑突下方横切一刀，从切口下缘沿腹部中线纵向切开腹腔，露出腹腔脏器。切口向腹部两侧延伸并沿胸肋和椎肋结合处剪开，掀起胸骨，使胸腔脏器暴露。

2. 观察

观察各脏器的自然位置、形态、大小和颜色，然后识别各脏器的名称，再依次对各系统进行仔细观察。

1）消化系统

消化系统包括喙、口腔、咽、食管、嗉囊、胃（腺胃、肌胃）、小肠（十二指肠、空肠、回肠）、盲肠、大肠（结肠、直肠）、泄殖腔、肝脏和胰脏。注意观察腺胃和肌胃的形状，腺胃乳头，鸡胃内容物、角质膜等，十二指肠、胰腺、胆囊、盲肠扁桃体形状，泄殖腔形状及组成等。

（1）嗉囊　嗉囊为食管颈段后部的膨大部，鸡嗉囊偏食管右侧。

（2）胃　禽胃分为腺胃和肌胃两部分。腺胃呈纺锤形，位于腹腔左侧，肝脏左、右两叶之间背侧。肌胃呈圆形或椭圆形的双突起，位于腹腔左侧，前部位于肝脏左、右两叶后部之间，后部与左侧腹壁、十二指肠、盲肠等相邻。

（3）小肠　禽小肠分为十二指肠、空肠和回肠。十二指肠以幽门起于肌胃前囊，位于腹腔右侧，呈“U”形弯曲。空肠形成许多肠袢，位于腹腔右侧，与回肠没有明显界限，中部游离侧有一小突起，称卵黄囊憩室，是胚胎期卵黄囊柄的遗迹。

（4）大肠　禽大肠分为盲肠和直肠。盲肠为一对游离囊状体，盲肠基部较细，以盲肠口通直肠，壁内有一突起，称盲肠扁桃体。

（5）泄殖腔　泄殖腔是消化、泌尿和生殖三个系统的共同通道。用剪刀沿肛门背侧纵向剪开，观察泄殖腔的构造，同时注意输尿管、输卵管在生殖道上的开口。

粪道膨大,向前与直肠相通,并以环形壁与中部的泄殖道为界。泄殖道短,输尿管和生殖道开口于泄殖道。肛道为最后一段,以肛门开口于体外,肛道的背侧在幼禽有腔上囊(法氏囊)的开口。

(6)肝脏和胰腺　肝脏位于腹腔前下部,胸骨背侧,与腺胃和脾脏相邻,分左、右两叶,颜色一般为暗褐色(雏鸡为黄色,约2周龄后转为暗褐色)。右叶肝脏有一胆囊,以贮藏胆汁。胰腺位于十二指肠袢内,颜色呈淡黄色或淡红色,呈长条形。

2)呼吸系统

呼吸系统由鼻腔、喉头、气管、鸣管或鼓室、支气管、肺和气囊组成。

(1)鼻腔与喉　鼻孔位于上喙基部,一对鼻后孔一同开口于咽顶壁前部正中。喉位于咽底壁,喉后方与鼻后孔开口处相对。

(2)气管　气管较长而粗,由"O"形软骨环构成,伴随食管后行,到颈后半部,一同偏至右侧,入腔前又转到颈的腹侧。进入胸腔后在心底上方分为两个支气管,分叉处形成鸣管(禽的发声器官)。

(3)肺　禽肺很小,颜色为鲜红色,呈扁平四方形,不分叶,位于胸腔背侧。

(4)气囊　气囊是禽类特有的器官,是支气管的分支出肺后形成的黏膜囊。打开胸、腹腔时,可在内脏器官上见到一种透明的薄膜,即为气囊。

3)循环系统

循环系统包括心脏、血管、脾脏和法氏囊。

(1)心脏　心脏位于胸腔前下方,呈圆锥形。

(2)脾脏　脾脏位于腺胃和肌胃交界的右侧,鸡的脾脏为卵圆形或圆形,呈红棕色。

(3)腔上囊(法氏囊)　腔上囊(法氏囊)位于泄殖腔背侧,为一梨状盲囊,性成熟后退化。

4)泌尿系统

泌尿系统包括肾脏和输尿管。摘除消化器官和生殖系统,露出紧贴于鸡腰部内侧的泌尿系统,观察肾脏的大小、颜色和形状等。

(1)肾脏　肾脏分前、中、后三叶,位于综荐骨两旁和髂骨内面的肾窝内,呈狭长形,颜色为褐红色。

(2)输尿管　输尿管在肾脏内不形成肾盂,而是分支为初级分支和次级分支,沿肾内侧后行达骨盆腔,开口于泄殖腔背侧。

5)生殖系统

雄性生殖系统由睾丸、附睾、输精管和交接器(鸭、鹅称阴茎)所组成。雌性生殖系统由卵巢和输卵管组成。先观察公母鸡生殖器官的不同,然后分别进行观察。

公鸡生殖器官:着重观察公鸡的睾丸、输精管形态和位置,同时注意观察输精管和输尿管的区别。母鸡生殖器官:重点观察母鸡的卵巢和输卵管的形态和结构,右侧卵巢退化,只有左侧发育正常。观察卵巢的形状,识别卵泡并摘除,仔细观察卵泡破裂缝(肉眼看不到血管的淡色缝痕)。仔细将输卵管移出,识别后逐一用剪刀纵向剪开,观察输卵管的内部构造、特点及分界处。用剪刀剪开泄殖腔,仔细观察阴道部在生殖道上的开口及其构造。

(1)睾丸与输精管　睾丸位于腹腔内,以睾丸系膜悬于肾前部腹侧,鸡睾丸呈豆形,乳白色,左右对称。输精管是一对极度曲叠的细管,沿肾脏内侧腹面与同侧输尿管在同一结缔组织鞘内后行,并逐渐变粗。

(2)卵巢　卵巢位于腹腔左侧,以卵巢系膜韧带悬挂在腰部背侧壁上,以腹膜褶与输卵管相连接。

(3)输卵管　输卵管由前向后可分为漏斗部、蛋白分泌部、峡部、子宫部和阴道部,阴道部开口于泄殖腔。漏斗部形状似喇叭,薄而透明;蛋白分泌部为输卵管最长的部分,内有黏膜形成纵褶,后端有明显窄环峡部区分;峡部为输卵管较窄较短的一段,内部纵褶不明显,后端为纵褶尽头;子宫部呈袋形,内有纵横的深褶,后端止于紧缩部分的阴道部;阴道部为输卵管最后部分,开口于泄殖腔。

(三)家禽屠宰测定

1. 屠宰前准备

禁食 6～12 h(仅供饮水),屠宰前称活重。

2. 放血后称体重

死亡后待血流尽立即称体重,计算血重。

3. 拔羽

(1)干拔法　采用口腔内放血方法屠宰的家禽可用干拔法,放血,待血流尽后,将羽毛拔去。

(2)湿拔法　放血,待血放净且鸡只死亡后,放入 60～80 ℃的热水中浸烫 3～5 min,热水渗进毛根,使毛囊周围肌肉松弛以便于拔毛。水温和浸烫时间与鸡体重、日龄和季节有关,一般以能拔下主翼羽而不伤皮肤为准。拔羽毛的顺序为:翅→尾→颈→背→胸→臀→两腿粗毛→绒羽、纤羽。拔完羽毛后将屠体沥干水,称屠体重,并计算毛重。

4. 屠体外观检查

检查屠体表面是否有病灶(鸡痘、胸囊肿和脚趾瘤等)、外伤和淤血等。

5. 屠体测量

用手术刀按图 1-2-1 作第一切线、第二切线和尾根部切线，测量以下指标。

(1)胸角宽　测量胸角宽，常以胸角度表示方法，用胸角器在胸骨 1/2 向下垂直，不要过紧夹住胸肌，自然夹角形成的角度数即为胸角宽度。

(2)肌间脂肪宽　将胸部的皮肤剥离，在胸骨侧突的部位用游标卡尺测量脂肪带的宽度。脂肪带宽度通常为 0.50～1.00 cm，脂肪带宽度与鸡品种、发育状况和肥瘦等有关。

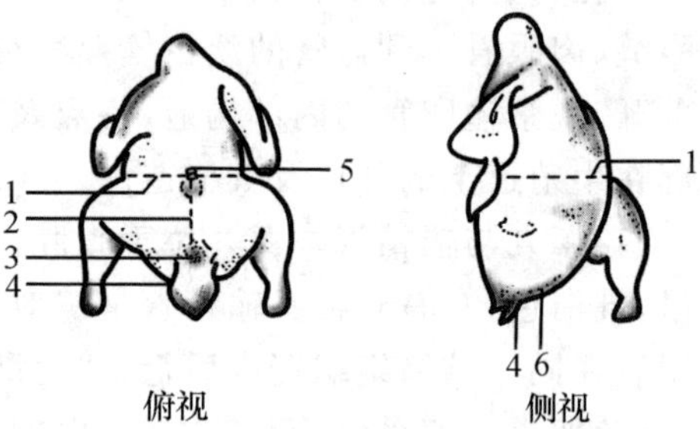

1. 第二切线；2. 第一切线；3. 皮脂测量部位；4. 尾根部切线；5. 最后胸椎；6. 胸腹壁与大腿间切线。

图 1-2-1　鸡大腿部各切线定位图

(3)皮下脂肪厚　从尾根部切线向上沿第一切线剥离两侧皮肤，用游标卡尺测量此处的皮下脂肪厚。用游标卡尺应轻轻卡住，不要用力挤压。一般皮下脂肪厚度为 0.30～0.50 cm，皮下脂肪厚度与鸡品种、发育状况和肥瘦等有关。

6. 去内脏

为防止屠体被粪便污染，打开腹腔前先挤压肛门，排出粪便。切开胸侧壁与大腿间的皮肤，掰开髋关节使其脱臼。在胸骨剑突下方横切一切口，并使切口向腹部两侧延伸。从切口下缘沿腹部中线纵向切开腹腔，露出腹腔脏器。去除内脏，仅留肺脏和肾脏。

7. 分割

去除头、颈、脚。头：从枕寰关节处切下；颈：从最后一块颈椎与肩胛骨的结合处平直切下；脚：从踝关节分割并剥去跖部的表皮和趾的角质层。分别将头、颈、脚称重并记录。

8. 胸肌分离

用解剖手术刀沿颈腹部至胸部纵向切开皮肤，并剥离至两侧肱骨内侧，以暴露胸肌。用刀沿胸骨至最后几根肋骨纵向切开肌肉，顺着胸肌边缘分别切至两侧肱骨近端，分离两侧胸肌，进行称重并记录。

9. 腿肌分离

用左手抓住腿部，内侧向上。用剪刀将皮肤从胫部内侧至大腿内侧划开并剥离，以暴露腿肌。从小腿跖部肌肉最下端进刀，抓住胫骨内侧将后肢稍抬起，使关节部略向前弯曲，沿骨附着处向上经大腿部用刀将肌肉与骨分离，进行称重并记录。

10. 屠宰测定项目

(1)活重　活重指在屠宰前鸡禁食 12 h，鸭鹅禁食 6 h 后的体重，以克(g)为单位记录。

(2)放血重　放血重为禽体放血后的重量。

(3)屠体重　屠体重为禽体放血、拔毛后的重量。

(4)胸肌重　胸肌重为屠体剥离下的胸肌重量。

(5)腿肌重　腿肌重为将禽体腿部去皮、去骨的肌肉重量。

(6)半净膛重　半净膛重为屠体重去气管、食管、嗉囊、肠、脾脏、胰腺和生殖器官，留下心脏、肝脏(去胆)、肺脏、肾脏、腺胃、肌胃(去除内容物及角质膜)和腹脂的重量。

(7)全净膛重　全净膛重为半净膛重去心脏、肝脏、腺胃、肌胃、腹脂及头、脚的重量，留肺脏、肾脏的重量(鸭、鹅保留头、颈、脚)。去头时，在第一颈椎骨(寰椎)与头部(枕骨)形成的寰枕关节处切开；去脚时，在跗关节处切开。

(8)腹脂重　腹脂重为腹脂(板油)及肌胃外脂肪重量。

(9)翅膀重　翅膀重为从肩关节切下翅膀称重。将翅分割为 3 节：翅尖(腕关节至翅前端)、翅中(腕关节与肘关节之间)和翅根(肘关节与肩关节之间)。

(10)其他　根据实验要求有时需要称脚(蹼)重、肝脏重、心脏重、肌胃重、头重等。

11. 家禽的屠宰测定计算项目

(1)屠宰率＝屠体重/活重×100％。

(2)半净膛率＝半净膛重/活重×100％。

(3)全净膛率＝全净膛重/活重×100％。

(4)胸肌率＝胸肌重/全净膛重×100％。

(5)腿肌率＝腿肌重/全净膛重×100％。

(6)腹脂率＝腹脂重/全净膛重×100％。

(7)瘦肉率＝(胸肌重＋腿肌重)/全净膛重或胴体重(鸭)×100％。

(8)胴体重(鸭)＝全净膛重－头重－脚(蹼)重。

六、作业

①绘制鸡内脏器官自然位置图。

②绘制鸡生殖器官和消化器官图。

③根据观察结果说明鸡内脏器官的结构特点。

④每小组屠宰1～2只鸡，将屠宰测定数据和计算项目结果填入表1-2-1和表1-2-2中，要求数据准确、完整。

表1-2-1 肉鸡屠宰测定记录表

品种	编号	性别	活重/g	血重/g	毛重/g	头颈重/g	脚重/g	翅重/g	腿肌重/g	胸肌重/g	腹脂重/g	屠体重/g	胸角度	皮下脂肪厚/mm	心、肝、肌胃重/g	半净膛重/g	全净膛重/g

表1-2-2 肉鸡屠宰测定计算项目表

品种	编号	性别	屠宰率/%	腿肌率/%	胸肌率/%	腹脂率/%	半净膛率/%	全净膛率/%	备注

实验三　家禽肉品质测定与评定

一、实验目的

①了解家禽肉质评定的重要性。

②掌握常用测定项目的测定方法。

二、实验材料

1. 实验器材

色差仪及标准调色板，pH 计（0.01 pH 单位），pH 校正液，均质机或绞肉机（孔径不超过 4 mm），烧杯（200 mL），磁力搅拌机，铁丝，食品袋，冰箱，电子天平，分析天平，磅秤，吸水纸，滤纸，蒸锅，恒温水浴锅，温度计，质构仪，手术剪，带刀片的解剖刀，钻取孔样器，索氏抽提器，恒温干燥箱和干燥器。

2. 实验试剂

①乙醚。

②溶液Ⅰ：称取 925 mg 碘乙酸溶解于 1 L 蒸馏水中，用 1.0 mol/L 氢氧化钾溶液调整 pH 至 7.0。

③溶液Ⅱ：称取 7.5 g 氯化钾于 1 L 容量瓶中，加水定容至 1 L。

三、实验要求

完成家禽生物学、家禽品种和育种章节的学习后进行，了解肉品质概念和相关指标之间的关系及家禽肉品质测定的意义；用于测定肉品质的禽肉应源于实验课屠宰的肉禽；禽肉应剔除肉表面的筋、腱、膜和脂肪；实验按每组 5 人进行，按照实验内容要求测定项目进行操作。

四、实验内容

测定禽肉的肉色、pH、系水力、嫩度和肌内脂肪含量。

五、实验方法

(一)肌肉颜色

1. 实验原理

肌肉的颜色反映肌肉的生理学、生物化学和微生物学变化的外部表现,其变化主要由肌红蛋白(myoglobin,Mb)决定,肌红蛋白的存在形式有3种,分别是脱氧肌红蛋白(deoxymyoglobin,DeoMb)、氧合肌红蛋白(oxymyoglobin,OxyMb)和高铁肌红蛋白(metmyoglobin,MetMb),3种肌红蛋白的相对含量决定了肉的色泽。动物被屠宰后的一段时间里,由于肌肉中正常的酶活动,使肌肉组织中的铁呈还原态(Fe^{2+}),还原态Mb呈紫红色(未切割的肉)。当把肉切割开后,其暴露在空气中时,若氧分压很低,色素中铁原子则被氧化变成氧化态(Fe^{3+}),氧化态Mb呈棕褐色,当氧分压高时,还原态的色素与氧分子反应形成(OxyMb),这时铁原子价未变(Fe^{2+}),呈亮红色。随着空气中的气体向肌肉内层渗透,由表及里地形成了氧的梯度,从而也形成了颜色的梯度,肌肉表层的亮红色是由于氧的供应充足所致(图1-3-1)。因此,在肉色评定时,要特别注意取样部位和评定时间的一致性。

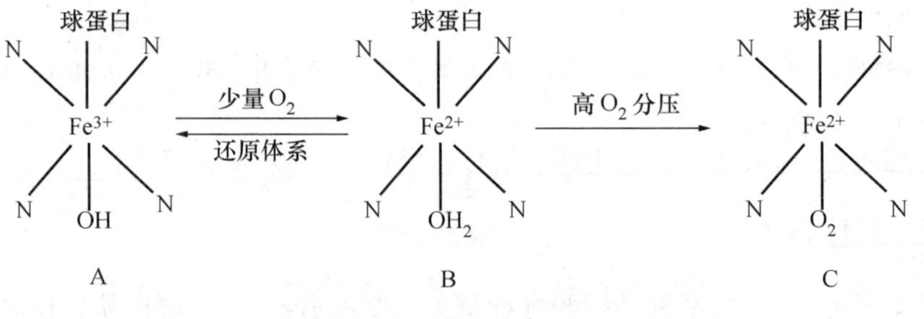

A. MetMb(棕褐色);B. Mb(紫红色);C. OxyMb(亮红色)。

图1-3-1 肌肉的呈色机理

2. 操作方法

(1)色度仪的校准 安置好白板,按下电源开关键,出现开机动画,正在进行自动黑白板校正,自动校正完成后,按一下仪器测试键,读出标准样的L^*、a^*和b^*绝对值。

(2)测定 取屠宰后2 h内或经冰箱(0~4 ℃)中保存24 h的肉样,按下测定键,将镜头口对正样品的被测部位,测定肌肉的L^*、a^*和b^*值。

3. 注意

每个样品需要测定至少 3 个部位，计算平均值；样品之间的测定部位应保持相同。

（二）pH

1. 实验原理

pH 是反映屠宰后机体肌糖原酵解速率的重要指标，家禽屠宰后，一系列物理、化学和生物化学变化仍持续进行，动物由有氧代谢转变为无氧代谢（糖酵解），其最终产物是乳酸，乳酸的积累导致肌肉 pH 降低。此外，肌肉 pH 下降的速度和强度，对一系列肉质性状产生决定性的影响，如肌肉呈酸性首先导致肌肉蛋白质变性，使肌肉保水力降低和颜色变灰白色，是形成 PEM（Pale Soft Exudative Meat）肉的重要机制。

2. 操作方法

1）pH 计校正

采用精确到 0.01 pH 单位的 pH 计，用 2 种 pH 跨度涵盖待测样品 pH 范围的标准缓冲液按照说明书校正 pH。

2）测定

（1）方法一　取屠宰后 45～60 min 或经冰箱（0～4 ℃）中保存 24 h 指定部位的肉样一块，直接将电极插入胴体指定部位，将电极头部完全包埋在肉样中；读取肉样的 pH，每个样品需要测定至少 3 个部位，计算其平均值，样品之间的测定部位应保持相同。

（2）方法二（参照 NY/T 1333—2007）

①样品处理：取屠宰后 45～60 min 或经冰箱（0～4 ℃）中保存 24 h 肉样至少 200 g，用均质机或者孔径不超过 4 mm 的绞肉机将样品粉碎，粉碎时应控制温度在 20±2 ℃；

②溶解：称取均质好的 10 g 的肉样，尸僵前的肉样加入 100 mL 溶液Ⅰ，尸僵后的肉样加入 100 mL 溶液Ⅱ，20 000 r/min 于均质机中均质，将均质好的样品倒入 200 mL 的烧杯中待测；

③测定：在磁力搅拌条件下，将校正好的 pH 电极插入均质好的肉样中，同时调整温度与被测样品的温度一致，待 pH 计数值稳定后，读取 pH；同一样品进行 3 次测定。

3)电极清洗

将脱脂棉先后蘸乙醚和乙醇擦拭电极后，用清水冲洗，并将电极浸在饱和的氯化钾溶液中保存。

(三)系水率

肌肉的系水率可通过滴水损失、压力法失水率和蒸煮损失等进行测定。

1. 滴水损失

(1)实验原理　指不施加任何外力，只受重力作用下，蛋白质系统的液体损失量，或称贮存损失和自由滴水。滴水损失与肌肉保水力呈负相关，即滴水损失越大，则肌肉保水力越差，滴水损失越少，则肌肉保水力越好。

(2)操作方法　取屠宰后新鲜待测的肉样，修整为规则的肉片，将修整好的肉样(约 5 g)称重(W_1)，放置于充气的塑料袋中，用细铁丝钩住肉样一端，保持肉样垂直向下，不接触食品袋，扎紧袋口，悬吊于冰箱冷藏层，保存 24 h 后，取出肉样，用洁净滤纸轻轻拭去肉样表层汁液后称重(W_2)，然后根据以下公式计算滴水损失(X)：

$$X = \frac{W_1 - W_2}{W_1} \times 100$$

式中，X—滴水损失，%；W_1—吊挂前肉样重，g；W_2—吊挂后肉样重，g。

2. 压力法失水率

(1)实验原理　系水力是指，施加一定的压力，保持其原有水分和添加水分的能力。肌肉的保水力不仅直接影响肉的滋味、香气、多汁性、营养分损失、嫩度、颜色等食用品质，而且具有重要的经济意义。

(2)操作方法　取屠宰 2 h 内的胸肌或者腿肌，用圆形取样器取 6～8 g 的肉样称重(W_1)，上下用吸水纸包 18 层，置于压力秤上，施加 35 kg 压力，持续 5 min，去除压力。用洁净滤纸轻轻拭去肉样表层汁液后称重(W_2)，然后根据以下公式计算失水率(X)：

$$X = \frac{W_1 - W_2}{W_1} \times 100$$

式中，X—失水率，%；W_1—挤压前肉样重，g；W_2—挤压后肉样重，g。

3. 蒸煮损失

(1)实验原理　肌肉受热之后，其组成成分发生一系列物理化学变化，产生重量损失，对度量烹煮损失有重要意义。

(2)操作方法　取 100 g 左右的肉样，剔除表面脂肪和肌腱组织，称重(W_1)，然后放置于盛沸水的蒸锅中，加热蒸 45 min，取出蒸熟的肉样，用铁丝钩住或者绳子系住，放于室内阴凉处，冷却 30 min，再称重(W_2)，注意去掉铁丝或绳子的重量，然后根据以下公式计算蒸煮损失(X)：

$$X = \frac{W_2}{W_1} \times 100$$

式中，X—蒸煮损失，%；W_1—蒸煮前肉样重，g；W_2—蒸煮后肉样重，g。

4. 肌肉嫩度(参照 NY/T 1180—2006)

(1)实验原理　嫩度受多种因素的影响，例如品种、年龄、肌肉部位、肌纤维直径、肌肉化学成分(肌内脂肪含量，羟脯氨酸含量)、屠宰全过程，测定前处理工艺等。常用剪切力来评价肌肉嫩度，通过测定仪器传感器刀片切割肉时的用力情况，并测定剪切力峰值作为肉样的嫩度。

(2)操作方法

①取样：取长×宽×高约 6 cm × 3 cm × 3 cm 的胸肌肉样(腿肌可以稍小)，剔除肉表面的筋、腱、膜和脂肪，放入冰箱中，使其温度降为 0～4 ℃；

②加热：取中心温度为 0～4 ℃的肉样，放入功率为 1 500 W 的恒温水浴锅中 80 ℃加热，待中心温度达到 70 ℃时，将肉样取出冷却至中心温度为 0～4 ℃；

③钻取孔样：用直径为 1.27 cm 的圆形取样器沿肌纤维平行的方向钻切长度不小于 2.5 cm 的肉样，取样位置距离样品边缘不小于 5 mm，两个取样边缘不小于 5 mm，每个肉样至少取 3 个孔样进行测定；

④安装刀具：选择刀具厚度为(3.0±0.2) mm，刃口内角度为 60°，内三角切口的高度为≥35 mm，钻床口宽(4.00±0.2) mm，调整剪切速度为 1 mm/s，保证机器的空载运行所受的最大剪切力≤0.147 N(图 1-3-2)；

⑤测定：将孔样置于仪器的刀槽上，使肌纤维走向与刀片的走向垂直，启动仪器剪切肉样，测得刀具切割这一用力过程中的最大剪切力值，即为孔样的剪切力；

⑥嫩度计算：记录所有测定的数据，取各个孔样剪切力的测定值的平均值扣除空转运行时的最大剪切力，计算肉样的嫩度值：

$$X = \frac{X_1 + X_2 + X_3 + \cdots + X_n}{n} - X_0$$

式中，X—肉样的嫩度值，单位为 N；$X_{1,2,3,\cdots,n}$—有效重复孔样的最大剪切值，单位为 N；X_0—空转运行时的最大剪切力，单位为 N；n—有效孔样的数量。

5. 肌内脂肪含量

(1)实验原理　肌内脂肪是指肌肉组织内所含的脂肪，是用化学分析方法提取

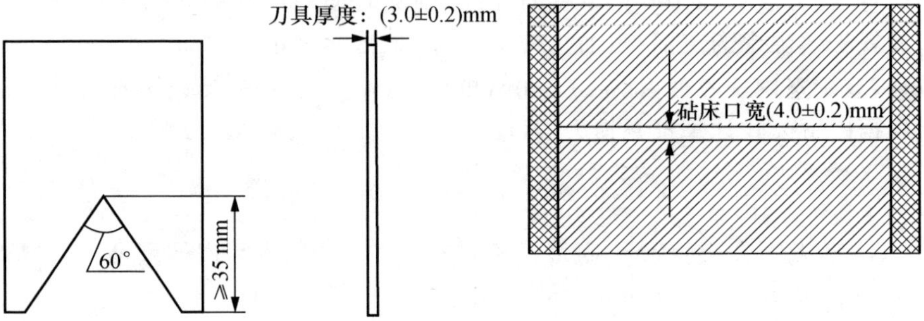

图 1-3-2　刀具尺寸图

的脂肪量，不是通常肉眼可见的肌间脂肪(intermuscular fat)。在主观品味评定中，富含适量肌内脂肪对口感惬意度、多汁性、嫩度、滋味等食用特性都有良好作用。采用索氏抽提法，以烘干的禽肉为原料，用乙醚做溶剂，将脂肪提出；并分别通过滤纸筒方法求得脂肪含量。

(2)操作方法

①干燥：采用 105 ℃恒温干燥箱或者冷冻干燥机干燥肉样。

②取样：称取 1～5 g 冷冻干燥或者 105 ℃恒温干燥后的肉样(精确至 0.000 2 g)于滤纸筒中或用滤纸包好，放入 105 ℃烘箱中，烘干 120 min。

③抽提：将滤纸筒或包放入抽提管中，在抽提管中加入 60～100 mL 乙醚，滤纸筒应高于提取器虹吸管的高度，滤纸包长度应可以浸泡于乙醚中，然后在 60～75 ℃的水浴中加热，使乙醚回流，控制乙醚回流的次数约为 10 次/h，共回流约 50 次，或者检查抽提管流出的乙醚，以挥发后不留油迹为抽提终点。

④称样：取出试样，仍用原提取器回收乙醚直至提取瓶全部收完，取下抽提瓶，在水浴上蒸去残留的乙醚，擦净瓶外壁，将抽提瓶放入(105±2) ℃烘箱中烘干 120 min，干燥机中冷却 30 min 称重，再烘干 30 min，同样冷却后称重，两次的重量之差小于 0.001 g 为恒重。

⑤计算：肌内脂肪计算 根据提取瓶前后的重量差计算肌内脂肪含量：

$$X=\frac{M_2+M_1}{M}-X_0$$

式中，X—肌内脂肪含量，%；M_1—已恒重的抽提瓶重量，g；M_2—已恒重的盛有脂肪的抽提瓶重量，g；M—风干肌肉重量，g。

六、作业

①测定肉鸡胸肌的肉品质，完成表 1-3-1 中内容，并对肉质做一简要评价。

表 1-3-1　肉质评定项目

测定项目	测定值
肉色	
L^*	
a^*	
b^*	
pH	
45 min	
24 h	
系水率	
滴水损失	
失水率	
蒸煮损失	
剪切力	
肌内脂肪含量	
评价	

②掌握不同测定项目的测量方法。

实验四　禽蛋构造及品质测定

一、实验目的

以鸡蛋为例，了解禽蛋的结构、禽蛋品质的评价指标和意义（二维码1），掌握禽蛋品质测定的方法。

二维码1
评价蛋品质的
指标和意义

二、实验材料及用具

鸡蛋，鹌鹑蛋，蛋形指数测定仪，色度仪，食盐，烧杯，分蛋器，蛋品质综合测定仪，罗氏比色扇，玻璃棒，培养皿，电子天平，蛋壳厚度测定仪，蛋壳强度计。

三、实验要求

在学习了家禽生物学、人工孵化和蛋鸡生产相关章节，掌握蛋的形成过程、结构和蛋品质指标等方面知识的基础上进行。鸡蛋和鹌鹑蛋应为产出后1周内的新鲜蛋。学生以个人为单位开展实验，对个别指标，可汇集全班数据统一分析。

四、实验内容

①观察蛋的结构。

②测定蛋的外部指标，包括蛋重、蛋壳颜色、蛋壳厚度、蛋的密度和蛋壳强度。

③测定蛋的内部指标，包括蛋清重、蛋黄重和蛋壳重及各部分的比例、蛋黄颜色、哈氏单位。

五、实验方法

（一）蛋外部指标测定

1. 蛋的结构

蛋从外到内由胶护层、蛋壳、外蛋壳膜、内蛋壳膜、稀蛋白、浓蛋白、系带、蛋黄、胚珠、气室组成（图1-4-1，二维码2）。在测定蛋品质时，将蛋打入培养皿内，观察稀蛋清、浓蛋清、系带、蛋黄、胚珠、蛋壳膜、气室等结构。

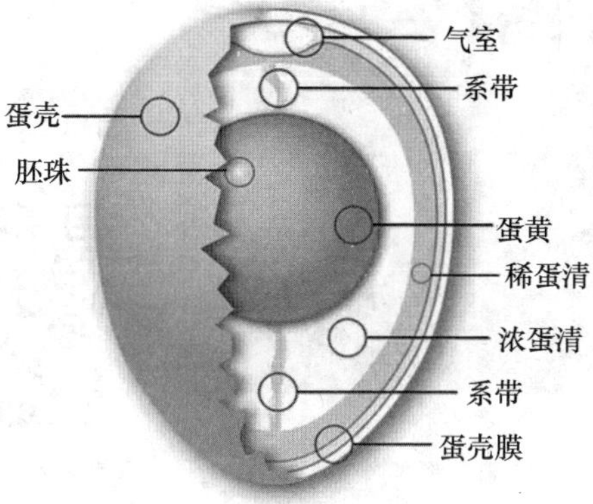

图 1-4-1　蛋的结构

二维码 2　蛋的结构(彩图)

2. 蛋重

(1)蛋重测定的意义　蛋重是影响禽蛋销售和种蛋孵化的一个重要蛋品质指标。对于商品蛋,一般要求蛋重在 60～65 g/枚较为理想。对于种蛋,因品种而异,虽无绝对标准,但以中等大小的蛋孵化效果最佳。

(2)蛋重测定的方法　在本实验中,可用电子天平或蛋品质综合测定仪测定蛋重。

3. 蛋壳颜色

(1)蛋壳颜色测定的意义　蛋壳颜色虽与蛋的营养价值无直接联系,但作为消费者最容易观察的蛋品质指标,蛋色均一、色泽美观的蛋品往往更受消费者的欢迎。除了对禽蛋的销售有影响外,蛋壳颜色也是评价品种选育程度的一个重要指标。选育程度较高的商业蛋鸡品种所产的禽蛋蛋壳颜色非常均匀,但在一些选育程度较低的地方鸡中,蛋壳颜色存在较大的变异性(图 1-4-2,二维码 3)。因此,从育种角度考虑,需要对蛋壳颜色进行量化,研究蛋壳颜色遗传基础,制定适宜育种方案,提纯蛋壳颜色。

(2)蛋壳颜色测定的方法　蛋壳颜色可用色度仪进行测定,用 L^*a^*b 色度体系来定量评估。L^* 为亮度值,取值范围为(0,100);a^* 为红绿度,a^* 值没有取值范围,a^* 值为负值,值越小表示物体的颜色越绿,a^* 值为正值,值越大表示物体的颜色越红;b^* 值为蓝黄度,b^* 值也没有取值范围,b^* 值为负值,值越小表示物体的颜色越蓝,b^* 值为正值,值越大表示物体的颜色越黄(图 1-4-3,二维码 4)。本实验以 Hunter Lab 公司生产的 MiniScan EZ 4000 色度仪为例介绍蛋壳颜色测定方法。在测定前用色度仪自带的黑白校正板校正色度仪。然后,在默认 D65/10°条件下测定蛋壳颜色即可(图 1-4-3)。每枚蛋在钝端、锐端和中部各测一个点,取三点测定结果的平均值作为该枚蛋颜色的代表值。

A　　　　　　　　B

A. 海兰蛋鸡所产蛋，蛋色均一；B. 略阳乌鸡所产蛋，蛋壳颜色存在较大变异性。

图 1-4-2　商业蛋鸡和地方鸡所产的蛋

二维码 3　商业蛋鸡和地方鸡所产的蛋(彩图)

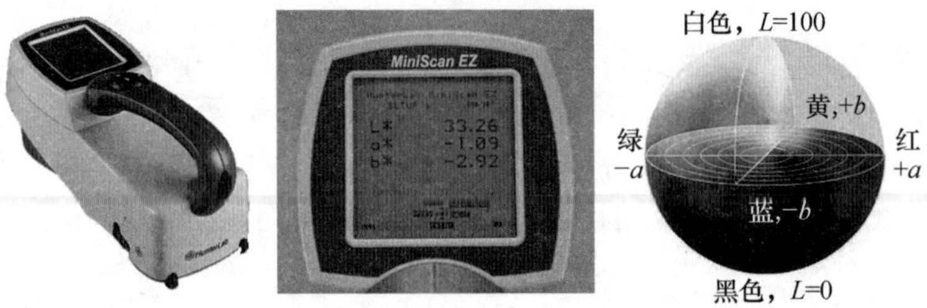

图 1-4-3　色度仪和 L^*a^*b 色度体系

二维码 4　色度仪和 L^*a^*b 色度体系(彩图)

4．蛋的密度

(1)密度测定的意义　蛋的密度是反映蛋新鲜程度和蛋壳比例的一个指标。蛋越新鲜、蛋壳比例越高，蛋的密度越大。

(2)密度测定的方法　蛋的密度用盐水浸泡法进行测定(图 1-4-4，二维码 5)。取一个 500 mL 的烧杯，倒入 300 mL 去离子水，放入鸡蛋，不断加入食盐并搅拌溶解，直到蛋悬浮于盐水中为止。按 $\rho=\frac{(300\ g+ag)}{300\ mL}$($a$ 为加入的食盐的质量)计算蛋的密度。

5．蛋壳厚度

(1)蛋壳厚度测定的意义　蛋壳厚度是反映蛋壳质量的一个重要指标，它与破蛋率和孵化率有密切关系。以鸡蛋为例，理想的蛋壳厚度为 0.33 mm。蛋壳太薄，破蛋率增加，孵化过程中的失水率增加，病原微生物容易侵入蛋内；蛋壳太厚，在孵化过程中易造成种蛋失水不足，影响鸡苗质量，影响破壳。

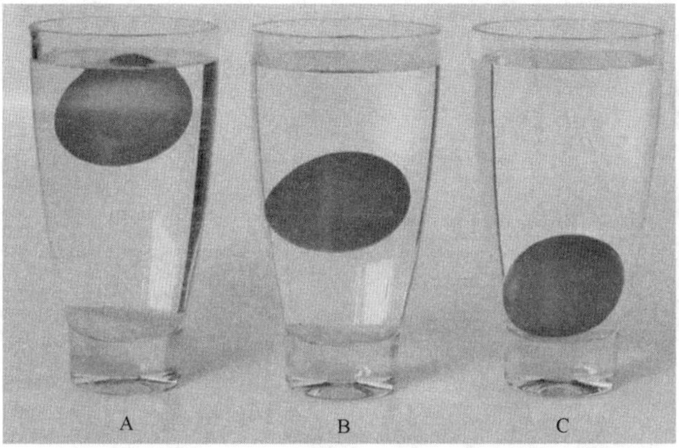

A. 蛋浮起，盐水密度＞蛋的密度；B. 蛋悬浮于盐水中，盐水密度＝蛋的密度；C. 蛋沉于杯底，盐水密度＜蛋的密度。

图 1-4-4　蛋密度盐水浸泡测定法

二维码 5　蛋密度盐水浸泡测定法(彩图)

(2)蛋壳厚度测定的方法　蛋壳厚度可用超声波蛋壳厚度仪和螺旋测微器测定(图 1-4-5，二维码 6)。用超声波蛋壳厚度仪测定时，在测定模块中加入适量去离子水，将蛋放入，直接读取数值即可。其优点是简单、无破损，缺点是仪器价格昂贵。用螺旋测微器测定时，需将蛋打破，撕去蛋壳膜后测定。蛋壳厚度在蛋的钝端、锐端和中部各测 3 个点，取 3 点测定结果的平均值作为蛋壳厚度的代表值。

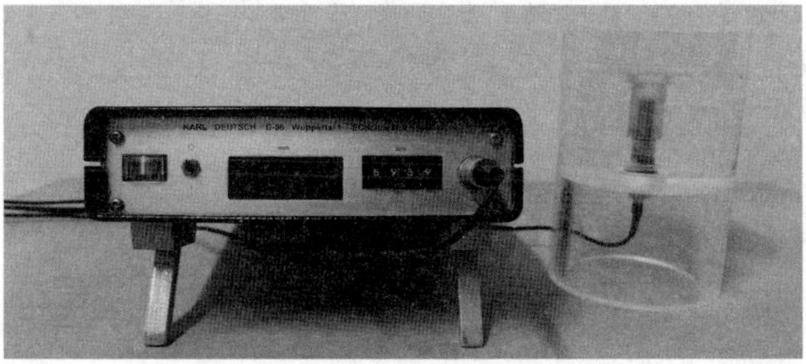

图 1-4-5　Robotmation ETG-1061 型超声波蛋壳厚度测定仪

二维码 6　Robotmation ETG-1061 型超声波蛋壳厚度测定仪(彩图)

6. 蛋壳强度

(1)测定蛋壳强度的意义　蛋壳强度主要与破蛋率有关。蛋壳强度不达标将增大破蛋率和经济损失，因此是蛋鸡生长中应该予以关注的一个重点指标。

(2)蛋壳强度测定的方法　蛋壳强度用蛋壳强度测定仪测定(图 1-4-6，二维码 7)。在校准仪器后，按仪器操作说明操作，读取数值即可。

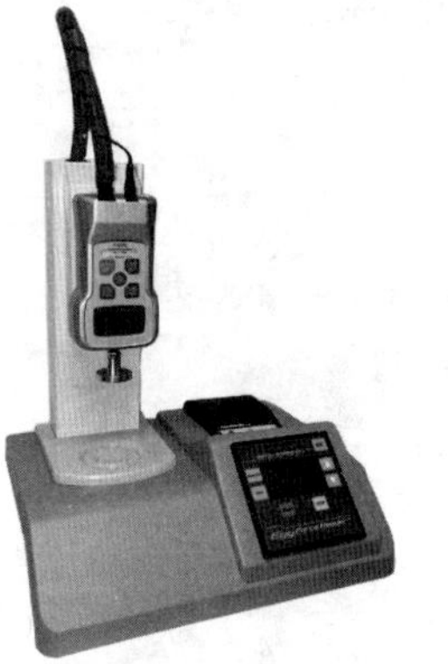

图 1-4-6　ORKA EFR-01 型
蛋壳强度测定仪

二维码 7　ORKA EFR-01 型
蛋壳强度测定仪(彩图)

(二)蛋的内部指标测定

1. 意义

蛋的内部指标包括浓蛋白高度、哈氏单位、蛋黄颜色、蛋黄重、蛋黄比例、蛋清重、蛋清比例。浓蛋白高度和哈氏单位(Haugh Unit)均是评价蛋白品质和蛋新鲜程度的指标,即值越大,蛋白品质越好、蛋越新鲜。蛋的营养主要集中于蛋黄,因此,蛋黄的比例越大,蛋的营养价值越高。蛋黄颜色不仅与蛋黄中的核酸素、叶黄素等天然色素的含量有关,而且也是反映禽蛋品质的感官指标,颜色深的蛋黄往往给消费者传递营养价值高、绿色、有机、风味好等信息,影响禽蛋的销售。

2. 方法

浓蛋白高度(Hgt)、哈氏单位(HU)和蛋黄颜色(Col)可用蛋品质综合测定仪测定。本实验以 Robomation EMT 7300 蛋品质综合测定仪为例(图 1-4-7,二维码 8),介绍浓蛋白高度、哈氏单位和蛋黄颜色测定方法。

①按红色“POWER”键开机。

②按红色“O/C”键,打开蛋品质测定仪仓门,放入灰色碟子。按红色 O/C 键,关闭仓门。

③按“START”键调零。

④将蛋放在机器顶部称量盘内称量蛋重。此时,仓门自动打开,将蛋打入灰色盘子内,确保蛋黄位于灰盘中心凹孔内且蛋清没有气泡。

⑤按红色“O/C”键关闭仓门，读取蛋重（Wgt）、蛋白高度（Hgt）、哈氏单位（HU）、蛋黄颜色（Col）和鸡蛋等级（Grade）测定值。EMT-7300 蛋黄颜色测定值与蛋黄颜色比色扇数值对应（图 1-4-8，二维码 9）。

图 1-4-7　Robomation EMT-7300 蛋品质综合测定仪

二维码 8　Robomation EMT-7300 蛋品质综合测定仪（彩图）

图 1-4-8　蛋黄颜色比色卡

二维码 9　蛋黄颜色比色卡（彩图）

在测完浓度白高度、哈氏单位等指标后，用分蛋器分离蛋清和蛋黄，测定蛋黄重和蛋壳重，用蛋重减蛋黄和蛋壳重求得蛋清重，计算蛋黄、蛋清和蛋壳比例。

六、作业

①撰写实验报告。

②汇集全班同学的蛋壳厚度和蛋壳强度测定数据，进行相关分析，研究蛋壳厚度与蛋壳强度的关系。

③测定鸭蛋和鹌鹑蛋的密度，与鸡蛋密度比较，研究不同禽蛋密度是否有差异。

④通过比较大蛋和小蛋之间蛋清重和蛋黄重的差异，分析探索蛋清和蛋黄哪个是影响蛋重的关键因素。

实验五　家禽人工授精

一、实验目的

掌握鸡人工授精的基本操作方法；了解水禽人工授精的基本操作方法。

二、实验材料及用具

繁殖期的种公鸡，产蛋的种母鸡，显微镜，采精杯，毛剪，酒精棉，精密 pH 试纸(6.4～8.0)，1 mL 血清移液管，吸耳球，1.5 mL Ep 管，移液枪，灭菌枪头，载玻片，盖玻片，血细胞计数器，蒸馏水，0.5％龙胆紫，0.9％氯化钠溶液(生理盐水)，记号笔，记录本。

三、实验要求

此实验需要先学习家禽生物学、人工孵化、鸡生产相知识，了解家禽人工授精的定义及其在生产上应用的意义。实验期间要将手中禽放置在符合条件的环境里，保证通风、光照、饲料、饮水供应。种禽要保证有足够数量，每只种公鸡每日采精一次即需休息。不可重复采精操作。学生分组为 2 人一组。一人保定，一人采精。

四、实验内容

在家禽生产实验中，鸡的人工授精应用比较多，因此，本实验以鸡的人工授精为例。实验内容包括公鸡的精液采集、精液品质检测和母鸡的人工输精。

五、实验方法

(一)公鸡的人工采精

公鸡的采精一般用背腹按摩法。

1. 采精前的准备

①将公鸡、母鸡提前分群饲养，加强对种公鸡的管理。

②在正式人工授精前一周对公鸡进行按摩训练，将性反射强、精液品质好的公

鸡挑选出来。

③用毛剪将选好的公鸡泄殖腔周围的羽毛剪去。

④将所有的人工授精器材均洗净、消毒、烘干备用。

2. 采精方法(图 1-5-1)

图 1-5-1 采精方法

①两人配合,其中一人保定,另一人采精。

②保定员双手分别握住公鸡的两条腿,使公鸡两腿自然分开,拇指扣住鸡的翅膀,将公鸡的头部向后夹于保定员的腋下。

③采精员左手掌心向下,拇指和四指分开,紧贴公鸡腰背处,右手中指和无名指间夹着集精管,管口朝上。

④采精员左手掌从公鸡的背部向尾部轻轻按摩数次,到尾综骨处稍加力,引起公鸡性感。此时可看到公鸡尾部翘起,待公鸡有性反射,即泄殖腔外翻时,立即翻转左手,用左掌顺势将鸡尾部翻向背部,同时右手掌紧贴公鸡腹部柔软处,当泄殖腔翻开,露出退化交尾器时,左手由背部移到泄殖腔处,拇指与食指并拢挤压肛门环两侧,精液就顺着交尾器流出,此时右手迅速将集精管口伸到泄殖腔口把精液收集起来。

⑤单人操作时,操作者坐在凳子上将公鸡保定于两腿之间,采精步骤同上。公鸡每周采精 3～5 次为宜。

(二)精液品质检测

精液品质检测包括精液量、精液 pH、精子浓度、精子存活率、精子畸形率、精子活力。

1. 精液量

用刻度管测量采集出来的精液的体积。

2. 精液 pH

使用精密 pH 试纸(pH 6.4～8.0)测定。使用微量移液器取新鲜精液点在 pH 试纸上,与比色卡对比读值。

3. 精子浓度

将 1 μL 精液和 199 μL 的生理盐水(预热至 37 ℃)混合稀释。取稀释好的精液，用移液枪取 10 μL 样品于载玻片上，通过使用血细胞计数器计数精子，计五个中方格总数，在显微镜下（40×10）检测精子浓度。1 mL 原精液内的精子数＝5 个中方格数的总精子数×5×10×1 000×200（稀释倍数）。

4. 精子存活率

使用伊红拒染法测定，在 400 倍光学显微镜视野下，每个载玻片计数 500 个精子。计算出其中所含的活精子数所占比例。死活精子判定标准：死精子着红色，活精子不着色。具体操作步骤如下。

（1）采样　取 20 μL 精液稀释液于 1.5 mL 离心管中。

（2）染色　取 20 μL 的 1％伊红 Y 染色液加入精液稀释液，使用移液枪轻轻吹打混合均匀，静置 30 秒。

（3）推片　取 20 μL 精液与 1％伊红 Y 混合液点在预热好的载玻片的左侧，用右手拇指和中指夹持盖玻片使一侧边缘与液面左侧轻触，与载玻片呈 30°角从右至左平稳推出，制成湿片。

（4）镜检与计数　在 400 倍视野下观察 500 个精子，计数 500 个精子中活精子的个数，结果用百分率表示。

5. 精子畸形率

使用龙胆紫染色法，在 400 倍视野下计数 500 个精子，统计形态结构异常精子占样本中总精子数的百分比。具体操作步骤如下。

（1）精液稀释　取液化良好的精液样品 2 μL，加入 100 μL 生理盐水中，轻轻吹打均匀。

（2）推片和干燥　取 20 μL 精子稀释液于载玻片上，用右手的拇指和中指夹持盖玻片使一侧边缘与液面左侧轻触，与载玻片呈 30°角从右至左平稳推出，制成湿片，等待干燥。

（3）固定　干燥后，滴加 95％乙醇固定 1 min。

（4）染色　滴加 0.5％龙胆紫染液染色 2～3 min，使用去离子水冲片。

（5）镜检与计数　在 400 倍视野下观察 500 个精子，计数 500 个精子中形态结构异常的个数，结果用百分率表示。

畸形精子指头部、体部和尾部的非正常形态的精子（畸形精子是指头、体、尾的形态变异，头部畸形有巨大头、无定形、双头等；体部畸形有体部粗大、折裂、不完整等；尾部畸形有卷尾、双尾、缺尾等）。

（6）精子活力　取 10 μL 精子稀释液均匀地铺在预热的载玻片上，在 400 倍视野下，记录 200 个运动精子中非直线运动的精子数，计算精子活力。精子活力＝

(200－非直线运动精子数)/200×100%。

(三)母鸡的人工输精

1. 输精前的准备

挑健康、无病、开产的母鸡,产蛋率达70%以上开始输精最为理想。

2. 输精时间

输精时间以每天下午3点以后,母鸡子宫内无硬壳蛋时最佳。

3. 输精方法

两人配合进行,一人翻肛,另一人输精(图1-5-2),翻肛人员用右手握住母鸡的双腿根部、用右手虎口向肛门方向推压母鸡腹部柔软处,左手拇指与其他四指跨于肛门下缘柔软部分,用巧力压向腹部,阴道口便会翻出。

输精员用注射器将精液输入母鸡阴道口内2～3 cm处,在输入精液的同时,翻肛人员顺势松手减压,防止精液流出。

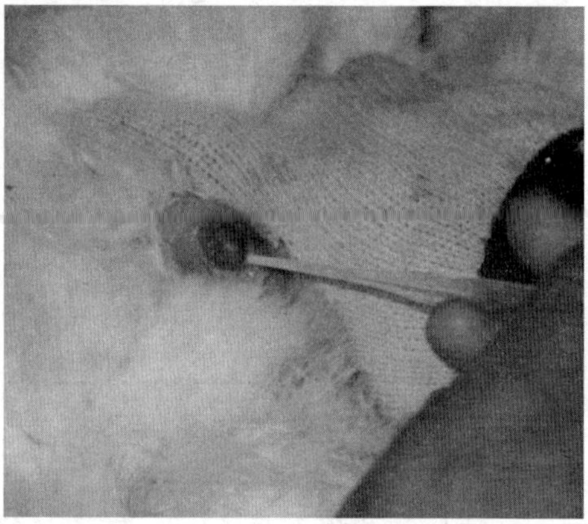

图1-5-2 输精方法

4. 输精量和输精次数

输精量和输精次数取决于精液品质。蛋用型鸡在产蛋高峰期每5～7 d输精一次,每次的输精量为原液0.025 mL或稀释精液0.05 mL。产蛋初期和后期的输精次数则为4～6 d输一次,每次输精量为原液0.025～0.05 mL,稀释精液0.05～0.075 mL。肉种鸡4～5 d输精一次,每次输精量为0.03 mL,中后期输精量为0.05～0.06 mL,4 d输精一次。要保持高的受精率就要保证每只鸡每次输入的有效精子数为8 000万至1亿个。

六、作业

完成实验报告。

实验六　胚胎发育观察与孵化效果检查分析

一、实验目的

了解孵化机的构造和工作原理，掌握胚胎发育规律、胚膜的种类和功能，掌握照蛋技术。

二、实验材料及用具

孵化机，入孵 1～20 d 的胚胎，培养皿，眼科手术剪，眼科手术镊子，照蛋器。

三、实验要求

学习家禽生物学和人工孵化相关内容，掌握鸡解剖结构、胚胎发育规律、照蛋等理论知识。具备一定动手能力和基本的实验操作技能。胚胎发育生物学观察以 5 人为一组，照蛋以个人为单位进行。在实验开始前 20 天，按参加实验的人数每天入孵一定数量的蛋，确保在实验当天可获得入孵 1～20 d 的胚胎。为保证取得良好的照蛋体验和教学效果，应优先选用白壳或粉壳蛋。

四、实验内容

①学习孵化机的结构和工作原理。

②观察胚胎发育规律和各种胎膜。

③掌握正常胚蛋、死胚蛋和无精蛋的照蛋特征，掌握“起眼”“封门”“合拢”的照蛋特征。

五、实验方法

1. 孵化机的构造和工作原理

孵化机是人工孵化胚蛋中最重要的硬件设备，其主要原理是模拟自然孵化的温度和翻蛋条件，使胚胎集中发育出雏。其意义在于解放母鸡，提高母鸡产蛋性能；大批量集中孵化，为当今大规模全进全出养殖创造条件。孵化机的基本功能是恒温、恒湿、通风和翻蛋(图 1-6-1，二维码 10)。孵化机内部有加热装置、均温风扇、加湿水盘和翻蛋顶杆，在温湿传感器和自动控制系统的协调作用下可实现自动恒温、恒湿、翻蛋和通风控制(图 1-6-1，二维码 11)。除了满足科研需求的小规模孵化机外，目前在生产中也研发出了结构更复杂、功能更多样、技术更先进的单体大箱体孵化系统，其单体孵化规模可达 10 万枚蛋(图 1-6-2，二维码 12)。单体大箱体孵化系统不仅具有加热装置，而且具有降温系统；不仅具有恒温调节的基本功能，而且还可以检测箱体内部的 CO_2 含量，实时测定蛋的重量，精准测定蛋表温度，根据实时监测数据对通风量、湿度和温度做出精准控制，为胚胎发育创造更为精准、科学的孵化条件(图 1-6-2，二维码 11)。

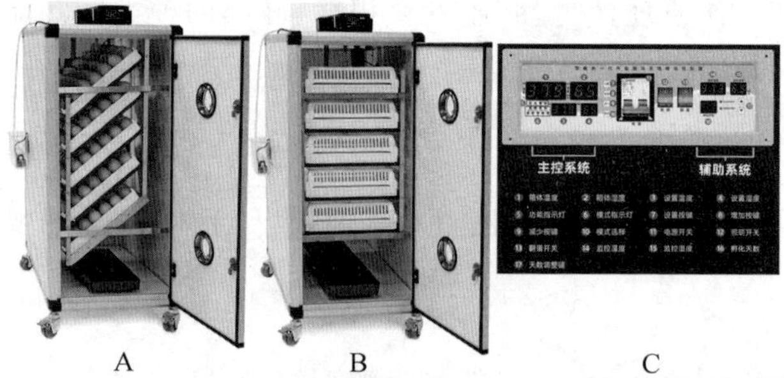

A　　B　　C

A. 孵化状态；B. 出雏状态；C. 孵化机控制系统，
可设定恒定温度、湿度，开启自动翻蛋。

图 1-6-1　小规模孵化、出雏一体机

二维码 10　小规模孵化、
出雏一体机(彩图)

A. 单体大箱体孵化集群；B. 单体大箱体孵化机内部构造；
C. 智能失重监测模块；D. 蛋表温度监测模块。

图 1-6-2　单体大箱体孵化系统

二维码 11　单体大箱体
孵化系统(彩图)

2. 胚胎生物学观察

取 1～20 日龄的胚蛋，用眼科镊子轻敲蛋的钝端，小心剥离蛋壳、蛋壳膜，将各日龄胚胎逐一分离至培养皿内，观察胚胎的发育过程（二维码 12，图 1-6-3，二维码 13）。选取 12 日龄胚胎，用眼科剪刀和镊子将鸡胚腹部剖开，观察鸡腹腔内脏器发育情况，注意观察胚胎性腺发育情况。12 日龄胚胎已开始张口吞食羊水，将肌胃剪开后，可见胃内有乳白色黏稠液体存在。

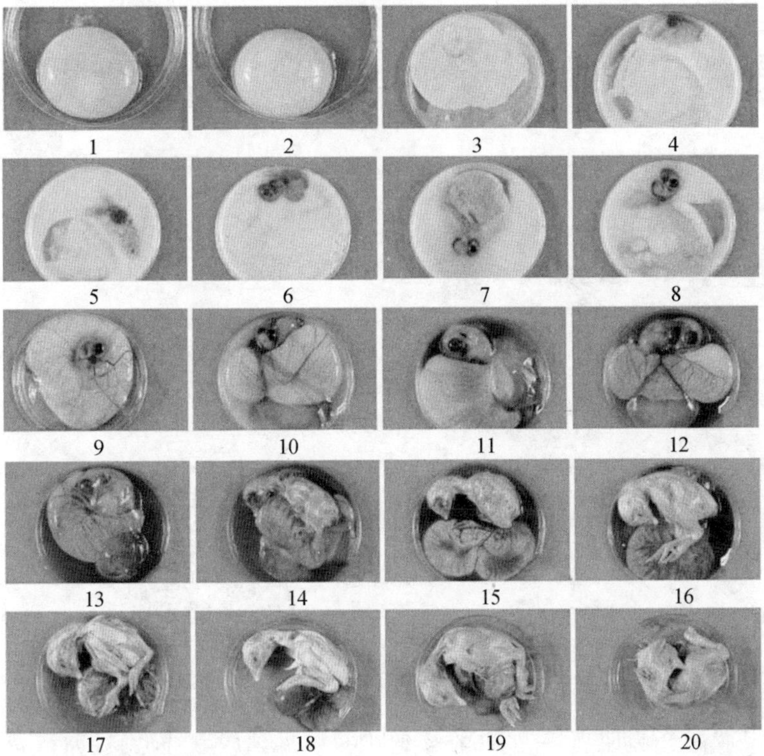

第 1 天：出现胚胎组织；第 2 天：出现血管；第 3 天：出现心跳；第 4 天：出现眼色素；第 5 天：出现肘和膝；第 6 天：出现喙，胚胎开始活动；第 7 天：具有鸟类特征，出现冠和卵齿；第 8 天：出现羽区；第 9 天：偶尔张口；第 10 天：卵齿明显，可见脚趾；第 11 天：出现尾羽；第 12 天：脚趾完全形成，现稀疏羽毛；第 13 天：腿部鳞片呈刻度状，体表有稀疏的羽毛覆盖；第 14 天：胚胎头转向蛋的钝端；第 15 天：肠下行至腹腔；第 16 天：羽毛覆盖整个体表，蛋清全部吸收；第 17 天：尿囊液减少，头夹在两腿之间；第 18 天：胚胎发育完全，卵黄囊仍然在体外，头位于右翅下；第 19 天：卵黄囊逐渐吸收至腹腔，尿囊液全部吸收，开始肺呼吸；第 20 天：卵黄囊全部吸收至腹腔。

图 1-6-3　鸡胚发育

二维码 12
鸡胚的发育过程

二维码 13
鸡胚发育(彩图)

3. 胎膜观察

将内蛋壳膜剥离后，可观察到完整的尿囊绒毛膜。将尿囊绒毛膜剥开后，可看到包裹胚胎的羊膜和覆盖卵黄的卵黄囊（图 1-6-4，二维码 14）。羊膜：包裹胚胎，内部充满羊水，形成羊膜腔，为胚胎发育提供适宜发育环境，保护胚胎免受外界机械性碰撞。卵黄囊：在胚胎期第 2 天出现，贴着蛋黄生长，在第 9 天包裹整个卵黄。具有吸收蛋黄养分和氧气的作用，经卵黄囊血液循环将营养物质输送给胚胎。尿囊绒毛膜：由尿囊和绒毛膜融合形成，经尿囊绒毛膜血液循环，一方面收集机体代谢废物；另一方面为胚胎提供氧气和蛋壳钙，相当于胚胎早期的肺。

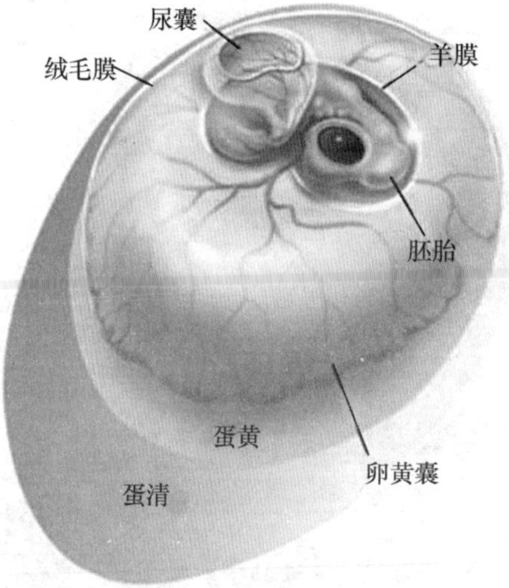

图 1-6-4　四种胚膜示意图

二维码 14　四种胚膜示意图(彩图)

由于尿囊和绒毛膜融合为尿囊绒毛膜，在实验中只能见到尿囊绒毛膜、卵黄囊和羊膜三种胎膜。

4. 照蛋

照蛋是检查无精蛋、死胚蛋和胚胎发育状况的一种技术。通过照蛋，在孵化早期可将无精蛋和死胚蛋及时挑出，避免这些蛋腐败变质。如不及时清除，这些蛋可能会由于蛋内气压升高而炸裂，蛋液沾染其他胚蛋，影响健康胚胎的发育。在照蛋时，无精蛋气室界限不清晰，蛋体透光，无血管；死胚蛋可见溶血环；正常胚蛋的气室界限清晰且随孵化日龄的增加而逐渐增大，蛋体表面可见粗壮的血管网络分布，如果是弱胚蛋，血管稀疏纤细(图 1-6-5，二维码 15)。在第 5 天照蛋时，部分蛋可见胚胎眼睛在蛋内晃动，俗称“起眼”。在第 10 天照蛋时，发育正常的胚胎，尿囊绒毛膜将在蛋的锐端汇合，俗称“合拢”。在第 17 天照蛋时，蛋的锐端完全不透光，俗称“封门”（图 1-6-5）。通过这些典型的照蛋特征，可以判断出胚胎的发育状况。在发育早期阶段，及时调整孵化条件，可以提高孵化率。

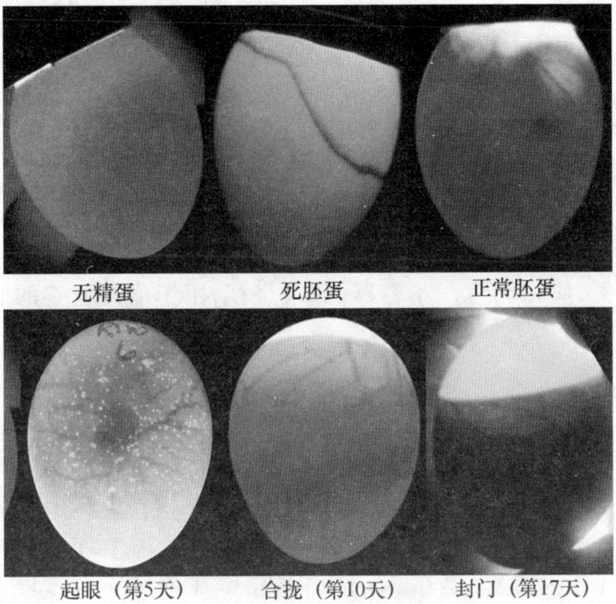

图 1-6-5　无精蛋、死胚蛋和正常胚蛋的照蛋特征

二维码 15　无精蛋、死胚蛋和正常胚蛋的照蛋特征（彩图）

六、作业

①撰写实验报告。

②随着胚胎的发育，照蛋时气室、血管和阴影部分有何变化规律？在未知入孵时间的情况下，根据这些特征判断蛋孵化时间。

③在照蛋时，正常胚蛋和弱胚蛋有何区别？

④12 日龄的胚胎在解剖时可以观察到哪些器官？公雏和母雏的性腺有何区别？

实验七　初生雏鸡的性别鉴定

一、实验目的

①了解目前常用于初生雏鸡的性别鉴定的方法。

②初步掌握初生雏禽的雌雄鉴别技术。

二、实验材料及用具

羽色羽速自别雏鸡，鉴别桌，座椅，台灯，小容器（如大烧杯，用于盛接雏鸡的胎粪），用于装鸡的盒子，解剖剪和镊子。

三、实验要求

学习家禽生物学、家禽品种和育种相关内容，掌握羽速、金银色羽和横斑羽色鉴别的基本原理，能快速根据羽色羽速鉴别雏鸡的性别；熟悉公母雏鸡生殖突起组织的差异，初步掌握初生雏禽的翻肛技术；性别鉴别时应轻拿轻放，用于翻肛性别鉴别的雏鸡应保证在出雏后 24 h 内，最好是在 2～4 h 内进行，在翻肛鉴别过程中避免肛门紧缩和生殖突起的萎缩；若遇到肛门有粪便或渗出物排出时，则可用左拇指或右食指抹去，再进行观察；若遇到一时难以分辨的生殖隆起时，切勿多次触摸。

四、实验内容

①学习雏鸡的性别鉴定的理论基础。

②根据羽速、金银色羽、横斑羽色和生殖突起对雏鸡进行性别鉴定，然后通过解剖确认性别鉴定的准确率。

五、实验方法

1. 伴性性状鉴别法

1）羽速鉴别法

（1）实验原理　鸡的羽毛生长速度受性染色体上慢羽基因（K）和快羽基因（k）所控制，且慢羽基因对快羽基因为显性，具有伴性遗传现象。当用快羽公鸡（kk）与慢羽母鸡（K-）交配时，所生雏鸡慢羽是公雏（Kk），快羽是母雏（k-），根据羽速快慢就可鉴别公母。

(2)操作方法　将雏鸡握在一只手中，让其背部朝上尾部朝前，用另一只手拉开雏鸡的翅膀，将主翼羽和覆翼羽的长度进行对比如下（图 1-7-1）。

快羽（母雏）：主翼羽＞覆翼羽

慢羽（公雏）：主翼羽＜覆翼羽

主翼羽＝覆翼羽

只有覆翼羽，主翼羽还未完全长出来

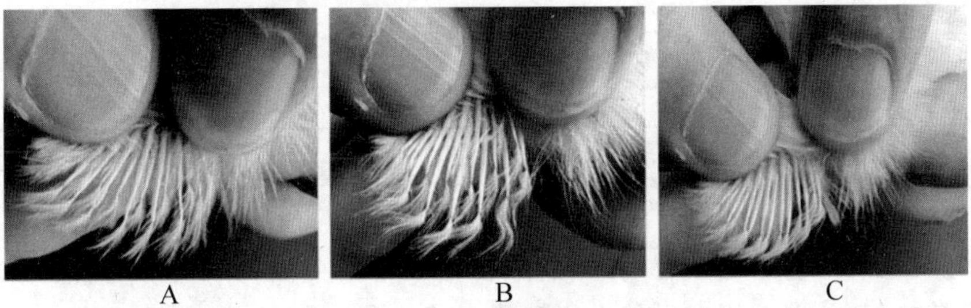

A. 主翼羽＞覆翼羽；B. 主翼羽＜覆翼羽；C. 主翼羽＝覆翼羽。

图 1-7-1　羽速鉴别法

2)羽色鉴别法

(1)实验原理　银色羽与金色羽基因都位于性染色体上，且银色羽(S)对金色羽(s)为显性，所以银色羽母鸡(S-)与金色羽公鸡(ss)交配后其子一代公雏(Ss)为银色，母雏(s-)为金色。

(2)操作方法　将雏鸡放置于鉴别桌直接观察。

3)羽斑鉴别法

(1)实验原理　横斑(B)和非横斑(b)也是伴性遗传，且为显隐性关系，用非横斑的公鸡(bb)与横斑的母鸡(B-)交配，所生雏鸡横斑的是公雏(Bb)，非横斑的是母维(b-)，因此，可根据后代的羽斑进行性别鉴定。

(2)操作方法　将雏鸡放置于鉴别桌直接观察。

2. 翻肛鉴别法

(1)实验原理　初生雏鸡的性别也可根据肛门的生殖突起进行鉴别，鉴别时首先观察生殖突起的有无，如无突起则为母雏，如有突起则依其组织形态上的差异判定性别。公雏的生殖突起充实，轮廓鲜明，周围组织陪衬有力，表面紧张而有光泽，富有弹力，虽经压迫伸张也不易变形，突起部的血管发达，受刺激容易充血。母雏生殖突起不充实或有萎缩之感，因深部组织已经退化，周围组织陪衬无力，突起显示孤立，表面软而质感透明，缺乏弹力，以手指压迫或左右伸张时易变形，但因血管不发达，不易充血(表 1-7-1)。用以上方法鉴别准确率可达 95%。

表 1-7-1　出生雌雏生殖突起组织的差异

生殖突起状态	公雏	母雏
形状	偏圆	多数无，少量稍尖
充实和鲜明程度	充实，轮廓鲜明	相反
周围组织陪衬程度	陪衬有力	无力，突起显得孤立
弹力	富弹力，受压迫不易变形	相反
光泽及紧张程度	表面紧张而有光泽	有柔软而透明之感，无光泽
血管发达程度	发达，受刺激易充血	相反

(2)操作方法　翻肛鉴别操作过程包括抓雏握雏、排粪、翻肛、鉴别和放雏环节。

①抓雏握雏：右手心贴着鸡的后背，食指和中指夹住鸡的头部，其他三指握住鸡身将其拿起，并迅速用左手的中指和无名指夹住鸡的颈部，使肛门向上，无名指与小指弯曲，将两脚夹在掌面。

②排粪翻肛：左拇指、食指和中指分别轻压雏鸡腹部左右两侧髋骨下缘，借助雏鸡呼吸将粪挤入排粪缸，应注意不要挤破腹腔内的卵黄囊，然后将雏鸡肛门翻开。

③鉴定放雏：根据生殖突起状态的形状，进行性别鉴定(图 1-7-2)。

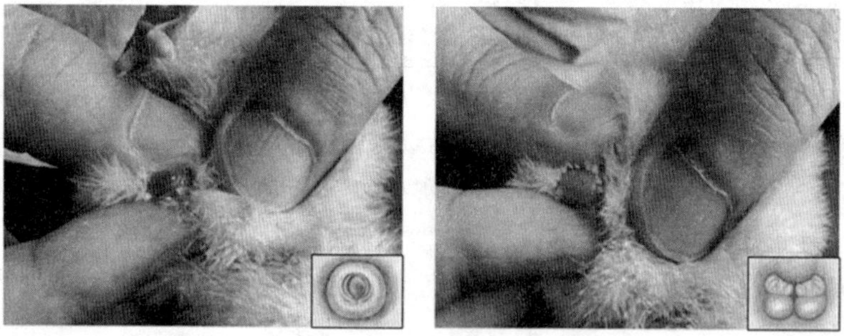

公雏　　母雏

图 1-7-2　性别鉴定

初生雏雌雄鉴别是对细微的组织形态的观察，时间经久则不明显。因此，最好在孵出后 12 h 左右，在 200 W 的强光下进行。握雏翻肛动作要快，辨别雌雄时脑反应要快，辨别后放雏要快，除了排粪、翻肛要一次排净翻好外，辨认也要求一次看准。

3. 解剖鉴别法

(1)实验原理　根据公母雏鸡生殖结构进行公母鉴别,雄性雏鸡具有两侧米粒大、淡黄或黄色的睾丸。雄雏睾丸成对存在,接近肾脏的头端,在它的腹面,为两端略尖之圆棒状,通常后端比前端大,左右对称,右侧稍斜;而雌性雏鸡只有左侧卵巢,为扁平椭圆形。

(2)操作方法　将雏鸡通过颈椎脱位法处死后,使用解剖剪打开腹腔,使用镊子暴露肾脏附近的视野,然后进行性别判断(图 1-7-3)。

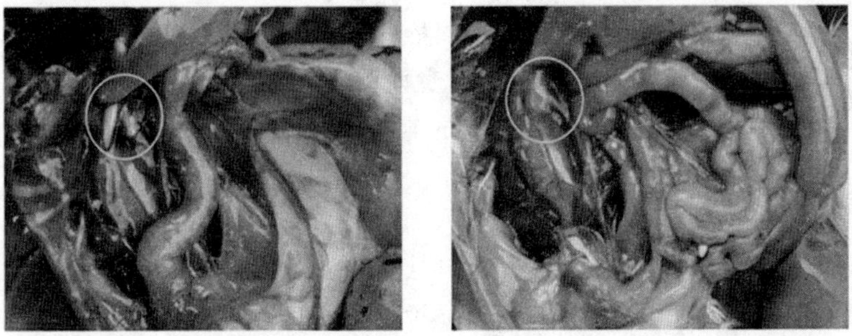

公雏　母雏

图 1-7-3　解剖鉴别雏鸡公母

六、作业

①鉴别时按羽色羽速和翻肛法对同一只鸡进行性别鉴别,各得出鉴别结果,最后再剖检得出结论。要求反复练习各种方法,掌握基本操作要领。

②写出对各种鉴别方法及容易误鉴的体会。

实验八　雏鸡的分级、断喙、免疫、去趾、剪冠及打翅号技术

一、实验目的

①熟悉掌握雏鸡分级、断喙、免疫及去趾的操作流程。

②了解雏鸡剪冠及打翅号技术的方法。

③了解断喙免疫一体机与人工断喙免疫操作。

④观察经断喙、免疫及去趾处理后的雏鸡的生理状态。

二、实验材料及用具

1 日龄雏鸡 30～50 只，断喙器 2 台，连续注射器 5 把，电烙铁 2 把，弧形手术剪 2 把，碘酒棉球 00～100 个，翅号 30～50 个(图 1-8-1)。

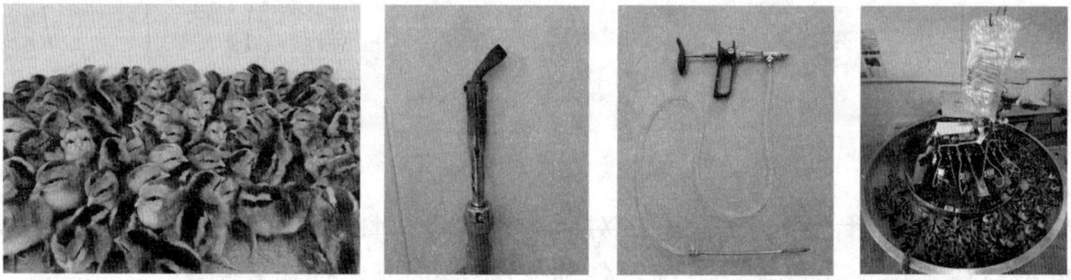

A　　B　　C　　D

A. 1 日龄雏鸡；B. 电烙铁；C. 连续注射器；D. 断喙免疫一体机。

图 1-8-1　实验材料

三、实验要求

在学习了家禽生物学、家禽品种与育种、家禽的人工孵化章节，学生须对雏鸡生理特性有一定了解，熟读实验中所使用仪器设备的操作说明；实验开始前，学生应提前准备预实验报告，每 3～6 人组成一个实验小组，以小组为单位完成实验，记录实验中观察到的内容，并统计分析实验数据。在教师演示操作仪器设备后，学生方可操作，以避免人员和鸡只损伤或设备损坏。

四、实验内容

①对雏鸡进行分级，淘汰弱雏和畸形雏，保留健康雏鸡(图 1-8-2)。

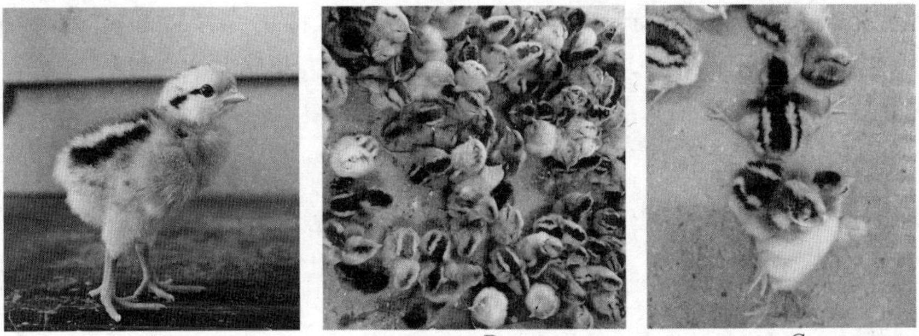

A　　B　　C

A. 健康雏鸡；B. 弱雏；C. 畸形雏。

图 1-8-2　健弱雏分级

②对分级后的雏鸡进行断喙、免疫及去趾操作(图 1-8-3)。

A　　B　　C

A. 断喙器；B. 免疫；C. 去趾。

图 1-8-3　断喙、免疫和去趾操作

③观察处理后的雏鸡生理和精神状态。

④学习了解剪冠和打翅号操作流程。

五、实验方法

1. 分级

根据品种特征，依照雏鸡活力、体重、喙胫趾色泽、羽毛状态等将雏鸡分级，保留眼睛有神、大小整齐、腹部不大、脐孔愈合良好、手感温暖、挣扎有力、叫声响亮而清脆的健康雏鸡，淘汰无活力、站立不稳、腹大、脐孔不清洁、手感较凉、绵软无力、叫声嘶哑微弱或鸣叫不止的雏鸡，以及眼发育不全、多腿、多翅等畸形雏鸡。

2. 断喙

用食指轻托雏鸡下颚，拇指按住雏鸡头部枕骨，将鸡喙接近断喙器，轻触烧红的铁片，注意控制断喙深度，切除上喙 1/3，下喙 1/2，断喙后注意观察，如有出血，补烙出血点一次。

3. 免疫

使用连续注射器向雏鸡颈部皮下注射鸡马立克氏病和传染性法氏囊病二联苗，注意疫苗从液氮中取出，与稀释液配制好后，尽量在 1 h 内注射完毕，以保证疫苗的免疫效果。

4. 去趾

使用加温后的电烙铁切除雏鸡其中一侧趾，注意不同品系鸡或不同性别鸡去除的左右侧趾不同。

5. 打翅号

使用团握或夹握法将雏鸡保定，左手将雏鸡右翅展开，右手捏住翅号，注意翅号有数字编号的一面向上，将翅号尖头朝下穿刺尺骨与桡骨前侧的三角翼膜区，确认穿透后，将翅号扣紧，压扁，以避免翅号在笼具中挂掉。

6. 剪冠

使用弧形手术剪贴着鸡冠根部将鸡冠剪下，修剪前后须使用碘酒对鸡冠和器材进行消毒处理。

六、作业

完成实验报告 1 份，重点分析分级、断喙、免疫、去趾、剪冠及打翅号技术对实际生产的意义。

第二篇　家禽生产学教学实习

实习一　孵化场设计及规划布局

一、实习目的

掌握孵化生产工艺流程，了解孵化设备；了解孵化场整体组成规划布局与功能区域划分及设计要求。

二、实习材料

实习地点：结合课程和当地条件选择孵化场参观实习。

三、实习要求

①在掌握孵化生产工艺流程基本理论后进行现场参观实习或线上实习。

②孵化场具备完整的孵化流程和设备。

③小组分组参观实习，根据课程规模分组，原则上每组不多于 20 人。

④参观实习涉及传送等设备，注意人员安全，线上参观实习应保证现场内外有交互活动。

四、实习内容

围绕实习目的，设计拟开展的内容。

孵化是家禽生产的关键环节，完善的生产工艺管理、合理的孵化场设计不仅影响孵化率，也对雏鸡质量至关重要，进而影响生产链下游。

1. 孵化生产工艺流程及孵化场设备认知

孵化生产工艺流程主要分为种蛋孵化和出雏鸡两大部分，其主要生产工艺流程包括：种蛋接收→选蛋码盘→消毒→储存→孵化→移盘→出雏→雏鸡处理→待运→冲洗消毒。孵化厂各房间环境参数(表 2-1-1)。

表 2-1-1　孵化厂各房间环境参数要求

功能间	通风情况	温度/℃	相对湿度/(%RH)	各区域与外界大气压力差/Pa
种蛋接收平台	N/A	20～26	N/A	N/A
种蛋接收区	N/A	20～26	N/A	N/A
蛋库区	N/A	13～18	60～80	N/A
孵化厅新风正压区	每台孵化设备 1 000 CMH 新风量	24～26	50～65	微正压,1～5
孵化厅废气区	每台孵化设备 1 200 CMH 新风量	N/A	N/A	微负压,－5～0
孵化厅区域	换气次数不少于 10 次/h	24～26	N/A	负压
出雏室新风正压区	每台出雏设备 800 CMH 新风量	24～26	50～65	微正压,1～5
出雏厅废气区(绒毛间)	每台出雏设备 1 200 CMH 新风量	N/A	N/A	微负压,－5～－1
出雏厅	换气次数不少于 10 次/h	24～26	N/A	负压
照蛋落盘间	换气次数不少于 10 次/h	24～26	N/A	N/A
捡雏间	换气次数不少于 10 次/h	24～26	50～60	微负压,－5～－2
苗处理间(免疫间)	不少于换气次数 10 次/h	24～26	50～60	微负压,－5～－2
鸡苗存放室	换气次数不少于 10 次/h	24～26	50～60	微负压,－5～－2
孵化车冲洗存放间/鸡苗筐清洗间/出雏筐清洗间	换气次数不少于 15 次/h	N/A	N/A	负压
蛋托蛋筐存放室	换气次数不少于 6 次/h	30 以上	N/A	负压
鸡苗筐干燥间	换气次数不少于 6 次/h	30 以上	N/A	负压
出雏筐存放间	换气次数不少于 6 次/h	30 以上	N/A	负压
办公室、更衣室、淋浴间、餐厅	N/A	夏季 25～27 冬季 22～24	N/A	N/A
孵化设备水冷	N/A	冷水温度 12～18	N/A	满足孵化设备要求
孵化设备水加热	N/A	热水温度 50～55	N/A	满足孵化设备要求

注:表中 N/A 为“Nct Available”的缩写,表示“不适用”。

2. 孵化场整体规划布局(功能区划分)

孵化场设计以提高孵化效率、防止疾病垂直传播为首要目标。同时,通过物流、人流控制单向流动和消毒,防止孵化场内各车间内部相互污染,减少各流程逆向运行。

按照孵化生产流程,孵化场包括蛋库、孵化室、出雏室、雏鸡处理室、待运室及辅助建筑如人员及设备洗消间、维修室、办公室等部分。各室的布局必须做到人员、种蛋、设备的单向流动,遵循"种蛋储存→种蛋处理(分级、码盘、消毒等)→入孵→落盘→出雏→雏鸡处理(分级、鉴别、接种)→雏鸡包装外运"生产流程,不得逆转的卫生防疫原则。根据不同的孵化场规模,小型孵化场可按"种蛋→雏鸡"成长条形布局,大型孵化场应以孵化室、出雏室为中心安排其他各功能室,尽量减少运输距离和人员在各室间往来。

孵化场各建筑功能如下:①蛋库包括种蛋接收室、分拣码盘室、消毒室和储存室。为避免消毒后废气污染,消毒室应设置在整个场区边角便于通风的地方。储蛋室应防止污染、维持种蛋质量,便于与孵化车间运输沟通;②孵化室、出雏室为孵化场中心场区,进行孵化和出雏操作,重点在于舍内环境控制,避免污染发生,③雏鸡处理室主要进行雏鸡分级分选、雌雄鉴别、断喙、疫苗接种等操作,以及进行存放待运;洗消间用于孵化盘、蛋架车、出雏盘的消毒冲洗,最好与雏鸡处理室分隔开。

不同功能区建筑按照生产规模合理配制,在保证生产需要的情况下减少不必要通道面积。孵化场各主要功能室的面积如表 2-1-2 所示。

表 2-1-2 大型孵化车间(每周入孵/出雏 2 次)各主要功能室面积参考 m^2

项目	收蛋室	储蛋室	孵化室	出雏室	待运室	洗消室
按孵化设备总容蛋量计算,每万枚蛋位需要量	1.9	1.8	12	4.8	3.7	0.7
按每次入孵蛋数计算,每万枚种蛋需要量	11.1	10.6	74	29	22.2	4.4
按每次出雏数计算,每万只混合雏需要量	13.6	13.0	90	35	27.9	5.5

引自 黄炎坤,新编科学养鸡手册,2002。

3. 孵化场各功能区设计要求

(1)孵化场建筑整体设计要求 孵化场对环境要求高于养殖场,不仅要求可调节各室温度,还需要通过排风线路控制各室压力,保证各室间无交叉污染。此外,为便于舍内温室环境控制、消毒冲洗、设备布局及操作,孵化场各建筑外围护结构表面应采用防火、防潮、易冲刷消毒材料。

(2)蛋库设计要求　种蛋接收室为便于操作，应适当增加室内面积，可与码盘室结合。消毒室设计要求，消毒室面积以每次入库量可一次消毒完为宜，关闭后气密性好，并安装排风扇使其消毒后可迅速排净，同时防止消毒废气流入其他房室。储蛋室的首要目的是保证种蛋温度尽快降至生理零度(23.8 ℃)以下，因此要求储蛋室具有良好的保温隔热性能，通过加装空调设施使室内温度可在12～18 ℃间进行调整。储蛋室的室内面积取决于每天入库蛋数、每周入孵蛋数、每平方米可存放蛋数和蛋车进出操作所需面积。

孵化室与出雏室为孵化场主体房室，为便于孵化机等设备布局和操作管理，两室均以采用无柱建筑结构为宜。二者的共同要求是：①面积满足设备安装运行和各项操作需要；②室内温度稳定适宜、空气新鲜，保温隔热性能好，屋顶无或较少水汽凝结现象发生，维持在24～26 ℃为宜，废气可及时排放至室外；③进出方便，地面光滑平整且有一定微小坡度，便于蛋架车运输，同时应设有暗沟、排水管道口径坡度稍大以便于破碎蛋壳与洗消污物冲走；④为满足孵化器上部1.2～1.5 m的高度要求，室内高度应为3.4～3.8 m；⑤为保证下游出雏室污染物不发生逆向污染，可设置移盘间进行孵化到出雏的落盘操作，减少污染的发生。此外，对于孵化室入口设置洗消淋浴室，杜绝外来污染传入；供水管道可安装于其地下，利用供水低温水作为孵化器所需冷却水，减少能量散失。

(3)雏鸡处理室　根据生产规模确定面积，要求其面积宽敞、易于冲洗、隔离性和保温性好，室温维持在25 ℃左右。在出口处设置发雏平台，便于装车外运。洗消间应配备高压冲洗设备及良好的排水系统。

五、实习方法

按生产流程参观孵化场各功能区建筑、相应设施及生产工艺并做好参观实习记录。

六、作业

完成孵化场参观实习报告，并且根据专业知识对所参观孵化场生产工艺流程、场区布局、设备及各功能区设计提出意见或建议。

实习二　孵化计划的制定与孵化成绩的计算

一、实习目的

掌握孵化计划制定的基本方法，能够熟练计算各项孵化指标。

二、实习材料

计算器，生产记录资料。

三、实习内容

1. 孵化计划的制定

孵化前应根据设备条件、孵化与出雏能力、种蛋供应，雏鸡销售等具体情况，周密制定孵化计划(表 2-2-1)。若雏鸡销售属于零散形式，则采用恒温孵化方法，分批入孵种蛋，即每 3～5 d 为一个上蛋间隔，这种方法孵化效果好，工作效率高。若雏鸡销售数量大，则采用变温孵化方法，整批入孵种蛋，即全进全出制度，这种孵化方法的优点是每孵一批雏鸡均可以进行彻底消毒一次，孵化质量好。

表 2-2-1　孵化计划

<table>
<tr><th rowspan="3">批次</th><th rowspan="3">入孵日期</th><th rowspan="3">来源品种</th><th rowspan="3">入孵蛋数/枚</th><th rowspan="3">孵化率/%</th><th colspan="3">出雏总数/只</th><th rowspan="3">备注</th></tr>
<tr><th colspan="2">健雏数</th><th rowspan="2">弱雏数</th></tr>
<tr><th>母雏数</th><th>公雏数</th></tr>
<tr><td></td><td></td><td></td><td></td><td></td><td></td><td></td><td></td><td></td></tr>
</table>

2. 孵化成绩的计算

衡量孵化成绩好坏的指标有受精率、早期死胚率、入孵蛋孵化率、受精蛋孵化率、健雏率、死胎率。

(1)受精率(%)　指受精蛋数(包括死精蛋和活胚蛋)占入孵蛋的比例。鸡的

种蛋受精率一般在90%以上,高水平可达98%以上。其计算公式是:

$$受精率=\frac{受精蛋数}{入孵蛋数}\times 100\%$$

(2)早期死胚率(%) 指入孵后头5 d内的死胚蛋数占受精蛋的百分比。正常水平应低于2.5%。其计算公式是:

$$早期死胚率=\frac{头照死胚数}{受精蛋数}\times 100\%$$

(3)入孵蛋孵化率(%) 指出壳雏禽数占入孵蛋的比例。高水平达到87%以上。该指标反映种禽场及孵化厂的综合水平。其计算公式是:

$$入孵蛋孵化率=\frac{出雏数}{入孵蛋数}\times 100\%$$

(4)受精蛋孵化率(%) 指出壳雏禽数占受精蛋比例。统计雏禽数应包括健、弱、残和死雏。一般受精蛋孵化率可达90%以上。该指标是衡量孵化厂孵化效果的主要指标。其计算公式是:

$$受精蛋孵化率=\frac{出雏数}{受精蛋数}\times 100\%$$

(5)健雏率(%) 指健雏占总出雏数的百分比。高水平应达98%以上,孵化厂多以售出雏禽视为健维。其计算公式是:

$$健雏率=\frac{健雏数}{出雏总数}\times 100\%$$

(6)死胎率(%) 指死胎蛋占受精蛋的百分比。死胎蛋一般指出雏结束后扫盘时的未出壳的胚蛋。

$$死胎率=\frac{死胚蛋数}{受精蛋数}\times 100\%$$

四、实习方法

1. 孵化计划的制定(以鸡为例)

①根据种鸡场所提供的种蛋数,该厂每台孵化器的容蛋量及所拥有的孵化器数量,计算出年孵化批次。

②按各品种种鸡入孵蛋的出雏率,公母各半计算出可孵化出的母雏数。

③根据胚胎发育,确定入孵、照蛋、移盘、出雏的时间,并尽量使其孵化设备合理高效利用。在生产实践中一般每4天入孵一批,第5～6天进行第一次照蛋,第18～19天进行第二次照蛋,随后移盘到出雏器,第20～21天出雏。

④做好孵化记录。应提前制定好孵化进程表,并根据孵化进程及时做好孵化

记录,如入孵的日期、入孵的蛋数、照蛋情况、孵化器内温、湿度变化等。

2. 孵化成绩的计算

为及时检查和分析孵化效果,总结经验教训,在孵化结束后,应根据所记录的孵化记录,依据孵化效果各指标的计算方法进行孵化成绩的计算。

五、作业

①根据实习条件制定孵化计划。

②收集当地某种鸡场的孵化记录表,计算孵化成绩。

实习三　孵化器的构造及操作管理

一、实习目的

通过实习认识孵化器各部分构造，掌握孵化器运行的基本程序及日常管理方法。

二、实习材料

孵化器，出雏器，温度计，湿度计，种蛋，照蛋器，高锰酸钾，甲醛溶液，解剖器，培养皿等。

三、实习要求

识别孵化器和出雏器的各部分构造并熟悉其使用方法。着重熟悉以下几个系统的操作：控温冷却和通风系统、控湿系统、翻蛋系统。

四、实习内容

①孵化器的构造和使用。

②出雏器的构造和使用。

③孵化的技术操作。

五、实习方法

1. 孵化器的分类

孵化器按照构造可分为：箱式孵化器（图 2-3-1）和巷道式孵化器（图 2-3-2）。

箱式孵化器属于变温孵化。可整批入孵、出雏，利于防疫。

巷道式孵化器，适用于大规模生产，可以实现分批入孵，恒温孵化。在第 18～19 天移盘后转至出雏器中出雏。

2. 孵化器的构造

孵化器结构主要包括：机体，蛋架车和蛋盘、翻蛋机构，控温系统和通风系统，控湿系统，电控系统和报警系统，其他配套设备。

(1)机体　即箱体,由框架、内外板及中间夹层组成。

图 2-3-1　箱体式孵化器

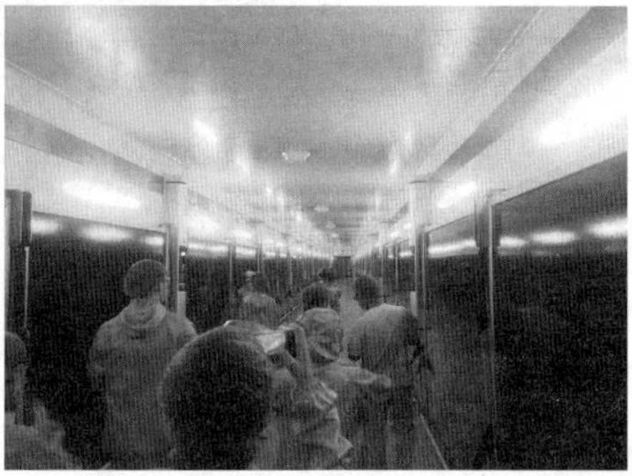

图 2-3-2　巷道式孵化器

(2)蛋架车和蛋盘翻蛋机构　蛋架车(图 2-3-3)为全金属结构,易于消毒清洗,蛋盘架固定于蛋架车吊杆,在翻蛋机构作用下可以水平位置为基准进行±45°转动。

图 2-3-3　孵化蛋盘与蛋架车、出雏蛋盘

(3)控温冷却和通风系统　主要由加热装置和温度调节装置构成。可采用电热管、远红外板等进行加热或预加热处理,通过小功率多组安装并在风扇附近,配合通风系统保证孵化器内部受热均匀。冷却系统可通过排风和水冷(图 2-3-4)进行降温,防止孵化机内部温度过高。

(4)控湿系统　主要由水盘、水轮、感湿元件组成。水汽来源于孵化器底部放置浅水盘自然蒸发,水盘内置加热管配合水轮加快水蒸发速度。通过感湿元件和控制器进行调节。

(5)电控系统和报警系统　即温度、湿度、冷却、通风及翻蛋控制系统(图 2-3-5),根据输入的孵化程序,进行孵化器内部环境监控调节、翻蛋操作并报警,实现自动孵化。

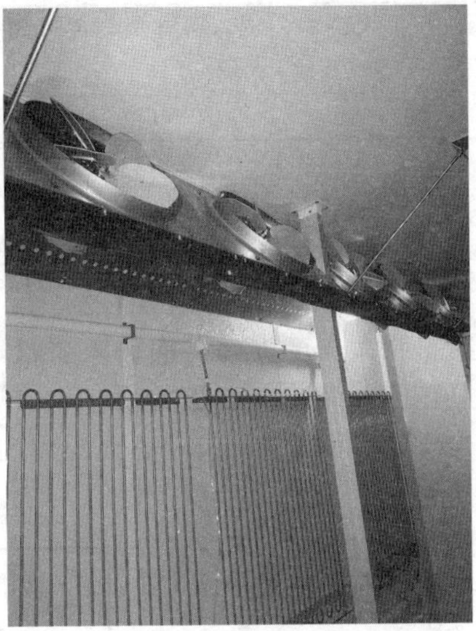

图 2-3-4　巷道式孵化器冷却与通风装置

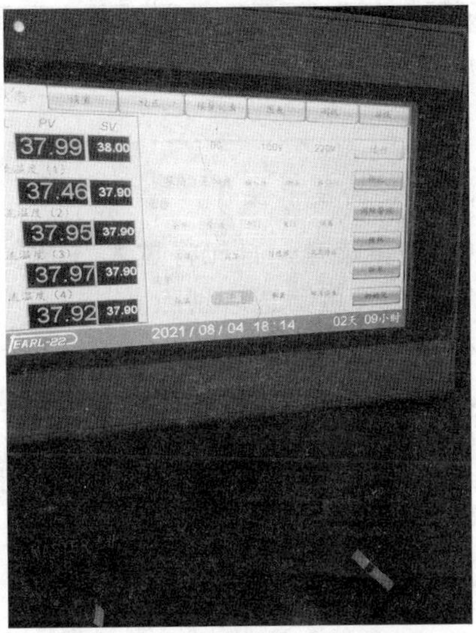

图 2-3-5　电控系统控制面板

3. 出雏器

种蛋入孵至 18 胚龄后转移至出雏机完成出壳。由于该阶段不需要翻蛋，与孵化机相比，出雏器无翻蛋机构及控制系统。出雏机与同容量孵化机一般采用(1∶3)～(1∶4)比例进行配置。出雏盘要求四周有一定高度、底部网格密集，防止雏鸡爬出(图 2-3-6)。

此外，还有倒盘机、照蛋器、断喙机、喷雾或刺种疫苗工作台、雌雄鉴别工作台等设备，以提高孵化工作效率与方便进行孵化后的操作。

4. 孵化计划制定(表 2-3-1)

以计划年入孵种蛋 5 200 万枚，年产雏鸡 4 300 万羽为例。每周生产 6 批，全年生产 51 周。估算参数：入孵蛋健雏率 83%，肉鸡场成活率 95%，屠宰厂损耗 0.5%。

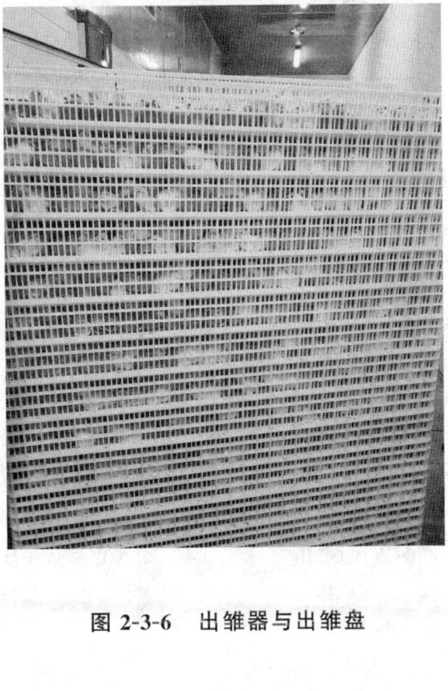

图 2-3-6　出雏器与出雏盘

表 2-3-1 孵化厂年产设计参数

年屠宰量/万只	年产雏量/万只	周产雏量/万只	批产雏量/万只	批入孵种蛋量/万枚	周入孵种蛋量/万枚	年入孵种蛋量/万枚
4 250	4 300	84.3	14.05	16.99	101.96	5 200

5. 孵化的技术操作

(1)种蛋选择　首先将过大、过小、形状不合格、蛋壳过薄或表面粗糙、光检有裂纹等畸形种蛋筛选后剔除。

(2)码蛋消毒(图 2-3-7)　将合格的种蛋按照大头朝上的方向码入蛋盘，将蛋盘装入蛋车，清点蛋数，并在孵化记录表格中登记。将装有种蛋的蛋车，在单独的消毒间内进行消毒。消毒室的湿度控制在 70%，时间为 30 min，消毒药品用量为每立方米容积放置甲醛 30 mL，高锰酸钾 15 g。

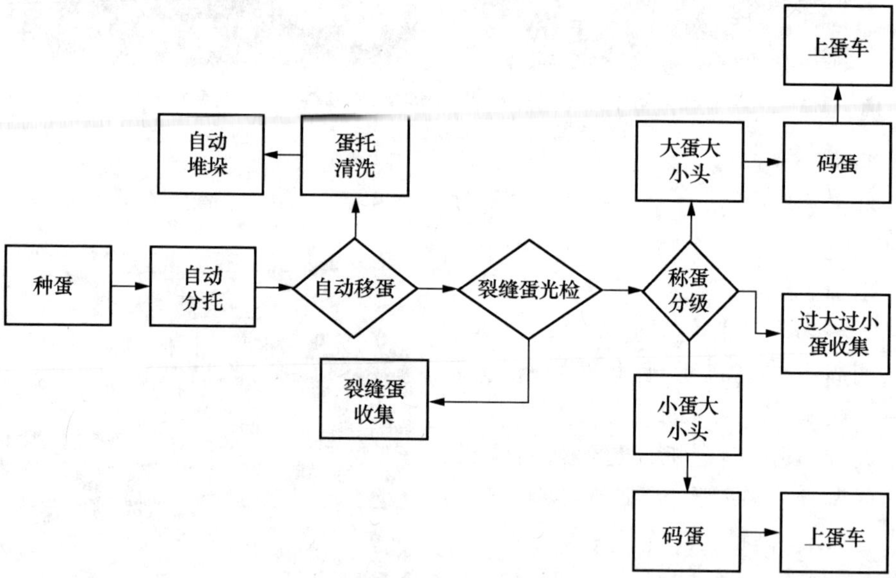

图 2-3-7 种蛋处理系统

(3)预热　入孵前置于 22～25 ℃的环境条件下预热 6～8 h，使种蛋缓慢升温。以免入孵后蛋表面凝聚水珠不能立即消毒，也可减少孵化器温度下降幅度。

(4)入孵管理　孵化条件：第 1～18 天(孵化器内)37.8 ℃，相对湿度 55%左右，每 2 h 翻蛋 1 次。第 19～21 天(出雏器内)37.2～37.5 ℃，相对湿度 65%～70%，不翻蛋。

(5)照蛋　在孵化的第 18～19 天要进行照蛋，照蛋时除了气室外，其余部分全部被胚胎占满，蛋内全为黑色；气室倾斜弯曲，仔细观察可见胎动；死胎蛋的尖端颜色发淡、透明，胚胎不动。识别臭蛋。

(6)落盘　在第 18～19 天照蛋后就要进行落盘(图 2-3-8)，将种蛋转移到出雏器中。

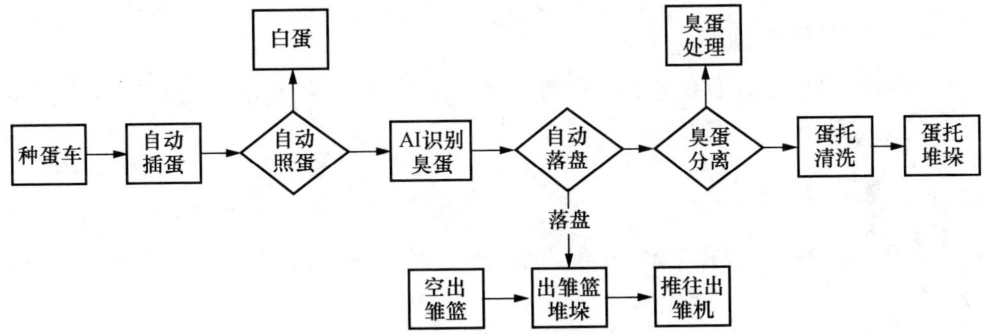

图 2-3-8　照蛋落盘系统

(7)禽雏处理　禽雏处理系统见图 2-3-9。

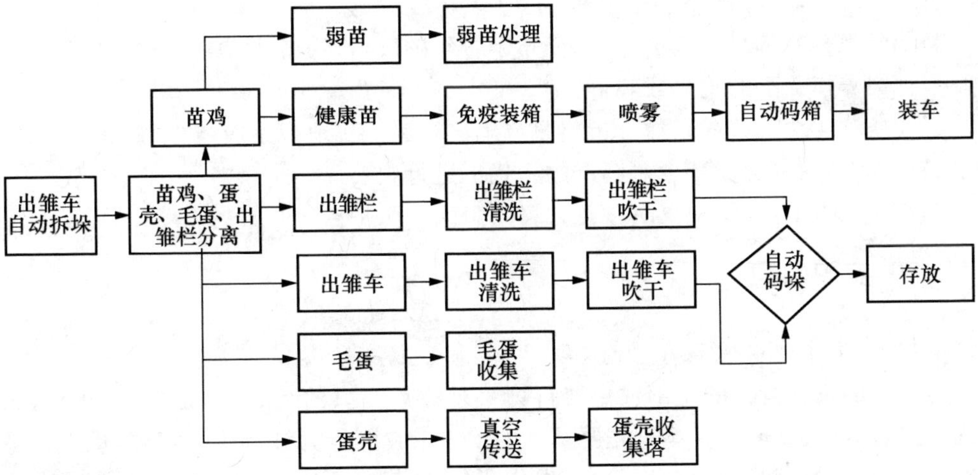

图 2-3-9　禽雏处理系统

五、作业

简述孵化器构造及孵化管理技术要点。

实习四　鸡的行为特征观察

一、实习目的

了解鸡的行为类型和各类型行为典型代表；掌握根据鸡的行为特征变化简单判断鸡的健康状态及需求。

二、实习材料

各年龄阶段鸡，包括幼龄、成年鸡群、产蛋鸡；饲养鸡只应具有一定的规模，以公母混饲为宜。

三、实习要求

①掌握鸡解剖结构和形态特征，了解鸡营养需求，可以对鸡行为进行描述和分析。

②所观察的鸡只或鸡群健康，分布于各年龄段，行为模式表达丰富、典型，可涉及多种饲养模式下的鸡只或鸡群。

③通过实地观察或录像分析鸡只或鸡群行为。实地观察应减少每组学生人数不多于 5 人，在尽可能减少对鸡群的干扰下进行观察。

④注意事项：近距观察时注意人兽共患病的防护。

四、实习内容

1. 鸡行为类型认知

鸡只的正常行为的全部或主要行为目录称为鸡只的行为谱，是理解鸡只行为的重要工具(表 2-4-1)。鸡只需要基本的饮水采食等行为维持生存需要，也需要适宜的活动生活空间表达自身天性。现代化集约养殖下生存环境较野外单调简单，易使动物无法表现正常行为，而是处于应激状态，易发生啄羽啄肛等异常行为，导致疾病发生、产品品质下降等。

表 2-4-1　鸡的基本行为谱

序号	名称	定义
1	采食	喙伸到食槽里
2	饮水	喙接触水槽
3	站立	在一个位置保持直立
4	行走	朝某个方向走
5	奔跑	朝某个方向快速行走
6	飞翔	鸡扑扇翅膀、远离地面，从一处飞到另一处
7	栖息	在栖木或树干上蹲卧休息
8	睡眠	站立或蹲卧，垂头，闭眼休息
9	觅食	非争斗性地啄任何东西(食槽除外)，如垫料、地面等
10	梳羽	用喙梳理羽毛，包括头部、胸腹部和尾部的羽毛
11	伸展	单侧或两侧的翅膀和腿展开
12	振翅	连续几次迅速地抬高和放低翅膀
13	刨地	用爪抓刨地面
14	沙浴	进入沙浴池，翅膀上下扇动
15	啄羽	一只鸡啄另外鸡的羽毛等
16	争斗	鸡只之间的打斗、追赶等
17	警戒	鸡表现出警惕状态，头迅速从一侧移动到另一侧观望
18	求偶	公鸡靠近母鸡，转圈，一侧翅膀低垂，表现类似华尔兹的舞蹈动作
19	交配	母鸡半蹲或全蹲，公鸡用喙叼住母鸡头上羽毛，踩在背上，生殖器接触
20	产蛋	母鸡寻窝、蹲卧、产蛋整个过程
21	发声	包括很多种，如公鸡打鸣，母鸡产蛋后“咯咯咕咕”，小鸡出生后“唧唧唧”，以及受到惊吓后大声尖叫等

引自 耿爱莲，2020。

1)鸡正常行为类型

鸡正常行为按照目的不同大致分为采食行为、休息行为、运动行为、繁殖行为、攻击行为、应激行为、保养修饰行为。不同类型行为的描述如下。

(1)采食行为　用喙啄取颗粒饲料，在适宜光照下采食量显著高于黑暗环境。

(2)休息行为　通常以卧姿和站立状态休息。卧姿为双腿合拢、胸腹着地，颈部伸直与身体垂直。站立时双腿或单腿直立支撑身体，头颈向上、双眼睁开。

(3)运动行为　包括站立、蹦高、行走、奔跑、飞翔。

(4)繁殖行为　包括求偶交配行为和产蛋行为、就巢行为。其中就巢行为也称抱窝，是禽类一种母性行为和自然繁殖本能，具体表现为排卵退化终止、高催乳素血症及体温升高、被毛蓬松、产蛋停止等表征。尤其地方鸡品种具有较强就巢性，笼养条件下就巢行为发生率极低。

(5)攻击行为　在鸡群中发生于1～5周龄，鸡通过争斗叼啄从而建立“啄序”，取得鸡群中更高的社会地位，在食物和选择配偶中取得优先权。具体表现为喙部张合、翅膀呈张开状态、身体向前猛冲或跃起同时鸣叫啄击对方头部。

(6)应激行为　环境刺激如炎热、寒冷、噪声、人为抓捕保定等导致鸡发生应激行为。如炎热导致鸡发生呼吸浅而快的“热性喘息”、采食下降，鸡群个体分散分布等；寒冷导致鸡群聚集、全身颤抖等；突然响声导致鸡群炸群或瞬间安静等。不同的刺激会导致鸡群和鸡只发生不同特点的应激行为。

(7)保养修饰行为　最为显著的为梳羽行为，通过啄理羽毛、振翼和抖羽，进行羽毛污垢和寄生虫的清理。

此外，不同类型行为的表达因性别、时间、光照及人为因素影响而存在差异。以散养的北京油鸡为例：①鸡只行为活动具有明显性别特征，如母鸡多站立、梳羽修饰、采食行为和特有的就巢产蛋行为，公鸡多运动、单独行动，独有打鸣行为等；②不同时间各类行为发生比例不同，如白天多以采食饮水、站立行走、梳羽修饰行为为主，夜间以睡眠为主，而照明和饲喂时间对以上昼夜活动影响很大；③公、母混养鸡群中可能会因为鸡群中公鸡比例和数量引发争配打斗行为。

2)鸡异常行为

异常采食行为主要包括啄蛋和啄羽、自啄和互啄。互啄指啄咬其他个体羽毛或肛门。异常采食行为大多在笼养条件下发生，与营养、环境等多种因素相关。啄羽行为在现代禽类养殖中普遍存在，在笼养等各式饲养体系中普遍存在。根据严重程度可分为羽毛未拔出的轻度啄羽和羽毛拔出、被啄鸡强烈反应逃跑或回啄的严重啄羽，最终可能导致皮肤裸露。啄羽行为可通过鸡只间学习模仿在鸡群中传播。食蛋行为即啄食自己或其他鸡产下的蛋，引起该行为的主要原因与鸡蛋破损且并未及时收集，饲料成分中缺乏钙元素有关。此外还有地面平养过程中，极少发生大量采食垫料行为，严重的可能导致嗉囊堵塞进而导致死亡。

歇斯底里行为(炸群行为)即当鸡群受到强烈突然刺激(如突然响声、强光、动物如老鼠突然侵入)所引起的鸡群高声鸣叫、来回跳跃飞翔强烈扰动的剧烈的逃避防卫行为。

扎堆行为即由于惊吓刺激、寒冷等导致的鸡群聚集行为，长时间高密度聚集可能由于踩踏、局部空气不畅过热等导致鸡只死亡。

2. 鸡行为调控

采食行为调节适宜的光周期可提高采食频次、采食时间百分比和最大采食时间等采食行为的表达。异常采食行为中啄羽的发生与多种因素相关，如光照强度、日粮营养水平、饲养密度、群体规模、环境刺激等。散养可丰富肉仔鸡自然行为如运动、觅食、沙浴行为，在一定程度上会提高肉仔鸡健康。

营养缺乏是啄羽发生的重要诱因，例如饲料蛋白质氨基酸比例失衡、矿物质维生素缺乏及日粮粗纤维缺乏导致的饱腹感不足。此外，强光照引起鸡神经过度紧张，限饲和饲养密度过高等也会引起啄羽的发生。因此，可以根据啄羽的发生原因和传播方式，及时进行调整，避免和减少啄羽的发生。例如，提高饲料营养、适当降低舍内光照强度、及时断喙和单独隔离被啄鸡和啄羽恶癖的鸡，进行伤口消毒痊愈后放回鸡群。

繁殖行为中就巢行为受遗传决定性影响，同时光照、温度、饲养管理模式也对就巢性有显著影响。就巢行为发生会导致产蛋期缩短，产蛋量下降，降低养殖经济效益。作为多基因调控低遗传力性状，可通过降低环境温度、调控光照周期、改散养为笼养减少就巢行为。

攻击行为发生在生产上会导致饲料转化率降低、死亡率增加和外观损伤，也是动物福利降低的表现。啄羽行为属于攻击行为之一，攻击行为发生的诱因与啄羽相似。我国普遍采用断喙和佩戴眼镜的方式，有效降低啄羽啄肛等打斗攻击行为，但两种方式均可能导致鸡身体或视觉损伤。从遗传揭示鸡攻击行为作用机制和相关分子标记用于遗传改良，也是从育种途径改善鸡攻击行为的重要途径。

扎堆或炸群行为多与环境中突然出现的刺激有关，及时消除不良刺激并调整鸡群局部密度，是防止该异常行为较为有效的方式。

五、实习方法

在进行实习前，应明确观察鸡只群体的日龄、饲养管理方式、日粮性状、群体饲养密度及组成等基本信息。在观察记录动物行为的同时进行环境状况记录，如温湿度、光照、声音、人员走动等情况。

行为观测方式分为实地观测和录像观测。具体行为观察内容如下。

①以单只鸡为对象，分别分组观察并记录正常行为和异常行为发生频次。以单笼或整群鸡为观察对象，记录群体行为的发生频次。

②观测不同日龄、养殖阶段、性别和饲养方式下，单只鸡或鸡群的行为谱差异。

③观测一天内不同时间或人为管理参与前后鸡只的行为变化和差异，记录如喂食、清粪、风机通风启动等对鸡只或鸡群行为的影响。

六、作业

完成行为观测实习报告，进行各情况下鸡只行为谱频次统计；同时结合鸡只或鸡群状况、生活环境等因素分析行为发生原因。

实习五　家禽养殖场养殖设备的构造及使用

一、实习目的

通过本次实习课程使学生了解家禽场养殖设备的种类，熟悉各种养殖设备工作原理，掌握上料系统、加湿降温系统、光照系统、集蛋系统、清粪系统、自动加药等操作方法。

二、实习材料

一次性实验服，鞋套，口罩，帽子和乳胶手套等。

三、实习要求

①具备负压通风工作原理、乳头式饮水器构造和鸡舍环境控制等基础理论知识。

②进入家禽场，学生穿戴的实验服应经过消毒，或者一次性实验服，同时佩戴一次性的鞋套、口罩和帽子等。

③家禽场现代化程度高，设备齐全，且运行正常；每组不少于 2 人，不多于 10 人。

④实习人员一个月内没有接触有疫情的养殖场，进入场区要进行消毒，同时禁止不经允许随意操作设备行为。

四、实习内容

目前，蛋鸡和肉鸡规模化养殖程度高，养殖设备比较先进，能够满足规模化、现代化养殖的需求；鸭和鹅虽然规模化程度也比较高，但由于物种特性和笼养技术不太成熟，养殖方式多采用地面平养和网上平养，现代化程度相对较低，养殖设备还处于探索阶段，本次实习主要针对蛋鸡养殖场和肉鸡养殖场常见设备，包括笼具、饮水设备、加料设备、清粪设备、消毒设备、通风设备、光照设备、集蛋设备等的识别和操作。

(一)蛋鸡养殖设备

1. 笼具

根据饲养阶段的不同,蛋鸡笼具分为育雏笼、育成笼和产蛋笼等,根据生产实际需要,有的企业将育雏和育成合为一起,采用育雏育成一体笼饲养。目前笼具多采用热浸锌工艺制造,表面光滑,对鸡只的损伤小,且使用寿命长。

(1)育雏笼　育雏笼主要饲养 0～42 日龄的雏鸡。育雏笼多为层叠式,层高 3～4 层,小规模养殖场通常使用半自动层叠式育雏笼(图 2-5-1),笼位下面配有接粪板,该育雏笼成本相对较低,但育雏后期清粪的工作量较大,采用上拉式笼门结构或横拉式笼门结构;规模化养殖场多采用全自动层叠式育雏笼(图 2-5-2),配备全自动清粪系统,成本相对较高,但可大大减少育雏后期清粪的工作量。

图 2-5-1　半自动层叠式育雏笼

图 2-5-2　全自动层叠式育雏笼

(2)育成笼　育成笼主要用于饲养 43 日龄至产蛋前的青年鸡。育成笼有阶梯式和层叠式两种,阶梯式育成笼一般为 3 层(图 2-5-3),采用刮粪地板进行清粪,层叠式育成笼 3～4 层(图 2-5-4),采用水平粪带进行清粪。阶梯式育成笼设备成本相对较低,但占用的面积较大,层叠式育成笼设备成本相对较高,但占用的房舍面积较小。

(3)育雏育成一体笼　转群不仅劳动量大,而且容易造成雏鸡的应激,目前具备条件的规模化、现代化养殖场多采用育雏和育成两个阶段在同一个舍内完成的模式,在育成结束后直接将育成鸡转入产蛋舍,进入下一阶段的饲养,采用的笼具为育雏育成一体笼,育雏育成一体笼主要有两种类型:阶梯式育雏育成一体笼(图 2-5-5)和层叠式育雏育成一体笼(图 2-5-6)。

图 2-5-3　阶梯式育成笼

图 2-5-4　层叠式育成笼

图 2-5-5　阶梯式育雏育成一体笼

图 2-5-6　层叠式育雏育成一体笼

(4)产蛋笼　产蛋笼主要有阶梯式产蛋笼和层叠式产蛋笼两种类型，底网倾斜角度 8°左右，能够确保鸡蛋轻柔、顺滑地滚出。阶梯式产蛋笼层高 3～4 层(图 2-5-7)，每个笼位可饲养 4～5 只蛋鸡，个体比较小的品种一个笼位可饲养 6 只，适用于中小规模养殖场；层叠式产蛋笼一般有 4 层(图 2-5-8)，个别的有 8 层(图 2-5-9)，甚

图 2-5-7　阶梯式产蛋笼

图 2-5-8　4 层叠式产蛋笼

至12层，饲养密度高，能够充分利用鸡舍空间，降低鸡舍的建设费用，同时采用横拉式笼门结构，鸡只不容易跑出，另外还限制了鸡只在采食时把饲料甩出料槽外。产蛋笼生产厂家不同，笼位大小差异也比较大，因此，每个笼位饲养的鸡只数量也有所不同，根据单个笼位的面积、饲养条件和环境控制情况，每个笼位可饲养5～30只，大规模和超大规模的养殖场多采用层叠式产蛋笼。

图 2-5-9　8层叠式产蛋笼

2. 供水设备

供水系统由水箱、过滤装置、压力阀、水管和乳头式饮水器等组成。水箱为临时性储水、加药或缓冲由于舍内外温差造成的水温差。过滤装置主要是过滤水中的杂质。压力阀调节水线中的水压至合适的压力。处于育雏、育成期的鸡只身体高度变化较快，为方便鸡只饮水，育雏、育成期的水线高度可以调节(图2-5-10)。而产蛋期鸡只的身体高度变化不大，其水管是固定的，高度一般不可以调节(图2-5-11)。每个笼位安装2个乳头式饮水器，以保证鸡只正常饮水。尾端配套缺水报警装置，当水压过低致供水量不足或水压过高等异常情况均会发出自动预警(图2-5-12)。

图 2-5-10　育雏、育成期水线

图 2-5-11　产蛋期水线

3. 喂料设备

图 2-5-12　带自动预警的产蛋期水线

小型养殖场喂料系统多是半自动的，一般通过提升设备将饲料从料间送至料车，待料加满后，启动料车将料均匀地输送到料槽中（图 2-5-13）。

规模化养殖场喂料系统比较先进，基本上能够实现自动化，喂料系统由料塔、输料装置和料车组成。饲料罐车把饲料送至料塔（图 2-5-14），然后通过索盘式输料装置（图 2-5-15）把饲料送到鸡舍内行车料斗中，料斗加满后自动停止加料，喂料时料车先从笼架的前端运行到后端（图 2-5-16），待鸡只把饲料吃完后或设定停留时间结束后，料车自动返回前端，整个过程自动进行。可通过匀料器调节料槽的上料量（图 2-5-17）。

图 2-5-13　行车式料车

图 2-5-14　料塔

图 2-5-15　输料装置图

图 2-5-16　行进中的料车

4. 通风换气设备

目前，规模化鸡舍多采用风机进行通风换气，风机一般安装在舍的尾端或者尾端的侧面，常见的风机有百叶窗风机（图2-5-18）和拢风筒风机（图2-5-19）。风机的大小和数量依据养殖规模、密度和舍的长度而定，多采用负压的方式进行通风换气，通风换气时风机开启，叶片打开，通风换气结束时风机关闭，叶片自动落下。

图 2-5-17 匀料器

5. 加湿降温设备

虽然通风能够对舍内降温起到一定的作用，但在炎热的夏季，舍外环境温度过高时，仅仅依靠通风无法使舍内温度维持在预期目标；另外，单一的通风无法调节舍内湿度。通过在舍的前端或/和前端的侧墙安装湿帘，能够起到降温和加湿的效果。在需要对鸡舍进行降温和加湿时，开启风机使鸡舍内产生负压，舍外空气通过湿帘时，温度下降、湿度增加，贯穿整个鸡舍，起到降温和加湿作用。

图 2-5-18 百叶窗风机

图 2-5-19 拢风筒风机

湿帘一般采用平面方式安装（图2-5-20），为了增加湿帘的有效面积可采用W形湿帘（图2-5-21）。通过湿帘进入舍内的空气温度较低，为避免低温空气直接吹到鸡只的身上造成应激，一般在与湿帘对应位置舍内安装导风板（图2-5-22），使进入舍内的空气吹向房顶。在冬季需要对鸡舍进行保温时，除了关闭挡风板，还可以在湿帘的外面安装防风卷帘（图2-5-23）。

图 2-5-20　平面湿帘

图 2-5-21　“W”形湿帘

图 2-5-22　导风板

图 2-5-23　湿帘防风卷帘

6. 光照设备

光照分为自然光照和人工光照，当自然光照不足时需要人工光照补充，目前采用节能灯和灯带进行光照补充。光照设备通常安装在笼具上方(图 2-5-24)，当笼具较高时，光照设备的位置一般放置在过道中间，且呈错落分布(图 2-5-25)。

图 2-5-24　笼具上方安装光照设备

图 2-5-25　舍内过道安装光照设备

灯光的开启和关闭时间可通过光控器实施自动控制；另外，光照强度也可实现自动调节，根据鸡群生长情况和产蛋性能，利用可调光灯光系统对光照亮度的调节。

7. 集蛋设备

每排笼具都有一条循环运动的集蛋带，刚产出的蛋从具有倾斜角度的低网上滚动到蛋带上(图 2-5-26)，需要收集鸡蛋时，启动机器，蛋带开始运转，将蛋输送到集蛋机上(图 2-5-27)，由集蛋机把鸡蛋转入鸡舍前端的中央输蛋线上，再由中央输蛋线将鸡蛋输送到舍外(图 2-5-28)或蛋库(图 2-5-29)。自动集蛋机一般带有软蛋装置，以确保坏鸡蛋及杂质不会被传送至集蛋机上。

图 2-5-26 蛋带

图 2-5-27 集蛋机

图 2-5-28 中央输蛋线(舍外)

图 2-5-29 中央输蛋线(蛋库)

8. 清粪设备

阶梯式笼具一般采用刮粪板进行清粪(图 2-5-30)，也有的采用带式清粪，刮粪板虽然便宜，但存在清粪有残留情况，带式清粪效果相对干净，但设备的费用相对较高。

层叠式笼架采用带式清粪，纵向清粪带把粪便输送至笼架尾端(图 2-5-31)，在尾端刮板的作用下使粪便掉落到横向清粪机传送带上(图 2-5-32)，然后再通过提升带(图 2-5-33)把鸡粪送到舍外或清粪车上。

图 2-5-30　刮粪板

图 2-5-31　笼架尾端

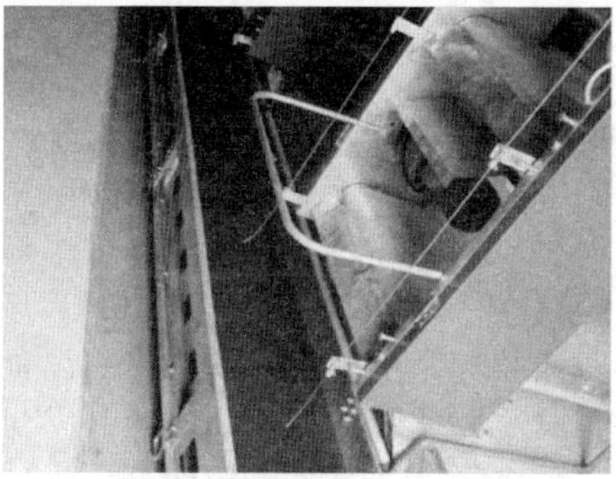

图 2-5-32　横向清粪机

图 2-5-33　提升带

9. 加药、过滤和喷雾设备

为方便加药和开展饮水免疫，在水线的前端加装自动加药器(图 2-5-34)；同时为清洁水质，同样在水线的前端加装过滤器；另外，有的鸡舍为方便喷雾消毒和降温，在笼具上方还加装雾线(图 2-5-35)。加药、过滤和喷雾由空气压缩机提供动力(图 2-5-36)。

图 2-5-34　自动加药器

图 2-5-35 雾线

图 2-5-36 空气压缩机

(二)肉鸡养殖设备

肉鸡通常采用层叠式笼养和地面平养。层叠式笼养养殖密度大，节约房舍，环境相对容易控制，但笼具设备投入大，而地面平养虽节约笼具，但养殖密度小。由于肉鸡饲养周期较短，育雏、育成和育肥均同一个舍内饲养，无论是地面平养，还是层叠式笼养，其供水系统、上料系统、通风、加湿降温、光照、清粪、加药和过滤等设备同蛋鸡养殖设备。层叠式笼养笼具结构同蛋鸡的层叠式育雏、育成笼相似，只是每个笼位的面积相对较大(图 2-5-37)，个别规模化养殖场使用的笼位中间没有隔断，整个一层是相通的；水线与蛋鸡的育雏、育成的水线相同(图 2-5-38)，其高度可以通过前端的调节装置进行调节(图 2-5-39)。地面平养的水线和料线高度均可以调节，其高度以方便鸡只饮水和吃料为宜(图 2-5-40，图 2-5-41)。

图 2-5-37 层叠式肉鸡笼具

图 2-5-38 层叠式肉鸡笼水线

图 2-5-39　水线和料线高度调节装置

图 2-5-40　育雏期地面平养料线和水线高度

图 2-5-41　育成期地面平养料线和水线高度

五、实习方法

对现代化蛋鸡和肉鸡养殖场进行参观实习和技术讲解后，现场识别蛋鸡养殖设备和肉鸡养殖设备，同时对蛋鸡育雏笼、育成笼、育雏育成一体笼和产蛋笼进行实地考察后描述其特征，在技术人员监督下能够操作喂料、通风换气、加湿降温、光照、集蛋、清粪、加药、过滤和喷雾等现代化养殖设备。

六、作业

通过对现代化蛋鸡或肉鸡养殖场的参观实习，论述如何实现鸭和鹅养殖的现代化。

实习六　家禽养殖场生产记录档案及生产成绩评定

一、实习目的

初步了解各家禽养殖场生产记录方法和生产成绩评定方式。

二、实习材料

记录本，笔，电脑等。

三、实习要求

①了解种鸡场、商品鸡场生产记录的异同点。

②了解生产记录所需要的数据和记录方式。

四、实习内容

在种鸡场、商品鸡场的生产管理中，完整有效的生产记录能帮助养殖者对生产实践做出准确的判断，避免主观猜测与推断造成误判或损失。种鸡场和商品鸡场生产侧重点不同，生产记录的内容也有所差异。

1. 种鸡场的生产记录

种鸡场包括祖代种鸡场和父母代种鸡场，生产记录的内容基本一致。需要每日记录死淘、产蛋(产蛋期)、耗料、饮水、温度、湿度等。定期记录体重，计算均匀度。种鸡场还会对种蛋的情况和孵化的结果进行记录。表 2-6-1 是种鸡场生产记录表。

2. 商品鸡场的生产记录

商品鸡场又分为蛋鸡场和肉鸡场，根据终端商品不同生产记录也有所差别。商品蛋鸡场的终端商品是鸡蛋，每天记录死淘、产蛋、蛋的情况、耗料、饮水、温度、湿度、用药、免疫等。定期记录体重，计算均匀度。商品蛋鸡场生产记录见表 2-6-2。商品肉鸡场的终端商品是鸡肉，生产记录主要是死淘、每周体重、耗料、饮水、温度、湿度、用药、免疫等。商品肉鸡场生产记录见表 2-6-3。

表 2-6-1 蛋种鸡场生产记录表

投苗日期			存栏										产蛋								
			公鸡品系					母鸡品系													
日期	日龄	周龄	存栏	死淘	出售	转出	转入	存栏	死淘	出售	转出	转入	种蛋	鲜蛋	畸形	碎蛋	合计	产蛋率	种蛋合格率	受精率	孵化率

表 2-6-2 商品蛋鸡场生产记录表

进鸡日期： 年 月 日 数量： 品种： 来源：

转群日期： 转群数量： 数鸡结果：

日期	日龄	周龄	死亡	淘汰	出售	存栏	成活率	合格蛋	碎蛋数	破蛋数	总产蛋数	产蛋率	蛋重	总耗料	只鸡耗料	饮水	只鸡饮水	光照	高/低温度	用药及免疫记录	备注

表 2-6-3 商品肉鸡场生产记录表

进鸡日期： 年 月 日 数量： 品种： 来源：

日期	日龄	周龄	死亡	淘汰	出售	存栏	成活率	总耗料	只鸡耗料	饮水	只鸡饮水	光照	高/低温度	用药及免疫记录	每周体重	备注

3. 生产成绩评定

生产标准是指在良好的饲养管理条件下鸡群能达到的生产水平。鸡场可以参考饲养品种的生产标准中所列出的生产性能来评价鸡群的生产成绩，也可以参考通用的生产标准，根据饲养场的具体情况制定个性化的生产标准来对饲养鸡群进行评价。

五、实习方法

进入鸡舍，按照以上要求的格式填报日报表、周报表等，并与饲养品种的生产标准进行比较，对鸡群的状况进行评价。

六、作业

提交一份蛋鸡或肉鸡的完整生产周期的生产性能汇总表，并与对应的生产标准进行比较，对此鸡群进行评价。

实习七　生物安全体系

一、实习目的

本实验的目的是让同学们了解完整的生物安全相关的管理制度和操作细则等内容，作为新世纪的养殖专业人才，应掌握生物安全体系建设的相关知识，推动禽类养殖产业的健康安全养殖进程。

二、实习材料

结合教学录像讲解禽生物安全体系的知识，针对的实验动物主要是鸡，因此在到养禽场完成实践学习前，需要提前备齐实地参观所需的消毒好的密封防护服、口罩等物品，在抵达家禽场之后，依从外至内，从净至污的方向参观学习。

三、实习要求

①要求提前掌握生物安全知识，了解拟参观养禽场的防护级别和需要做哪些准备工作。

②带入养禽场的实验服和鞋套、口罩等都要严格消毒，密封运输，最好与实验养禽场工作人员协商，使其提供在场内穿着的专用工作服和鞋。

③在进入养禽场之前，不得接触其他鸟类等动物，如有接触场外鸟类的情况，应隔离满 72 h 后才能进场。

④充分了解前往所参观的养禽场的各项规章制度，在严格遵守其规定的情况下完成实践学习。

⑤进出场均需淋浴，5 min 热水喷淋，并使用清洁和消毒用品。手机等个人物品做好消杀再带入场内。

⑥患有相关人兽共患传染病的人员不得进入场区。

四、实习内容

生物安全具体措施的落实和执行需要有规范的流程制度，准确的现场操作规程。同学们需要从以下几方面展开实践学习。

1. 场外生物安全要求

一般家禽场应尽可能远离其他家禽场、河流、湖泊以及池塘，减少野生鸟类接触鸡只的可能。同时要注意场周植被、积水，避免蝇虫滋生。家禽场距离生活饮用水源地、动物屠宰加工场所、动物和动物产品集贸市场500 m以上；距离种畜禽场1 000 m以上；距离动物诊疗场所200 m以上；动物饲养场(养殖小区)之间距离不少于500 m；距离动物隔离场所、无害化处理场所3 000 m以上。

在家禽场周围设立缓冲区，可用围栏隔离，有显著的生物安全标识或“禁止入内”标志。场区周围要建有围墙，保持所有出入口关闭，入口处安置人员及车辆喷雾消毒设施，在防止动物、车辆和人员擅入外，对访客及必要进出的人员车辆进行消毒。所有公共设施的仪表和主机设置在场外，如料塔、燃气、水、电设备等。

如有条件，建议设立独立的场外洗消点，对进场的物资，尤其是每天或每周都要进场的常用物资，执行严格的熏蒸或紫外线消毒。物资抵达仓库后需再次消毒。

2. 场区大门口的安全防控和操作规范

规模化的养禽场大门口要安装录像监控设施，视频范围要覆盖生产区，防止出现人员防疫操作不当，及时纠正。同时大门口还要配备车辆和人员消毒设施。人员消毒设施包括人员消毒通道、更衣室、专用浴室和消毒衣柜等。人员消毒通道需要有顶棚、完善的雾化消毒设施、减速障碍、消毒池配备消毒垫和人员消毒通道内地面设成消毒池。

如果场外无车辆、物资消毒系统，则需要有大门消毒系统，大门车辆消毒通道需要密闭、有顶棚、喷雾消毒较好，消毒池深度和长度参照公司标准，北方公司大门处建立车辆消毒通道加防冻措施。大门口可以设置消毒间，用于进场物资和生活用品的消毒，可采用甲醛熏蒸、紫外线消毒等。

3. 生产区生物安全配置

在生产防疫的特别时期，人员进出生产区必须洗澡后换防护服。鸡舍门口配备的消毒设施包括：脚踏消毒池、消毒小喷壶和洗手池。鸡舍内必须配备防鸟、鼠、蛇、虫等设施，鸡舍周围0.5 m内地面硬化，2 m以内无杂草。运输污物的污道全面硬化，建隔离网。污道门口消毒池长度为车轮周长1.5倍，深度为30 cm。在污道进场门卫处配置高压冲洗机、进场专用的工作服和工作鞋、洗刷池等，消毒设备要有防冻措施。污道出口处有专门的淘汰鸡转运场地。重要出入口需安装监控设备。种鸡场还要配备专门的种蛋库，蛋库内配备种蛋熏蒸消毒设备，若要每天2次消毒种蛋需要在鸡舍内配备熏蒸设备。

五、实习方法

1. 进大门入口要求

根据饲养场及外部环境状况，按照门卫要求完成来访登记。人员、车辆按生物安全防控要求，消毒后方可进入。

2. 到达办公区域

病原的传播有时跟进出人员的活动密切相关，学生们在准备进入鸡舍前，首先要结合前面理论知识快速了解现场的生物安全操作规程，做好人员报备与登记工作，办公区一般也属于生活区，在地理位置上与生产区绝对隔离，教师和学生们都应首先了解参观场区的相关规定，才能做好相应准备，进出生产区必须更换工作服和水鞋。

3. 到达生产管理区的准备工作

种禽场生产区是生产管理人员和鸡群存栏密集的地方，是各类病原容易复制、扩散的地方，生物安全控制难度较大。场区道路、鸡舍入口是人员管控的关键控制点。在这里要严格做好各项防疫安全措施。进生产区前均须在入口处更衣室内更换已消毒的工作服、工作鞋。在生产区内有专门的工作人员指领，不得在不同区域内到处走动，不同鸡舍有专门的饲养员介绍。没有许可的情况下，不得私自串舍。

4. 进入鸡舍内的生物安全规则

鸡舍本身为鸡群生产提供了一个小环境，也是鸡群间相互隔离饲养的屏障。群体性饲养的环境也容易被鸡群的病原传播污染，鸡舍的环境消毒也需要重视。因此，学生们在进入鸡舍前需对双脚、双手进行清洗和消毒。因消毒液与鞋底的接触时间有限，所以建议选择快速杀菌消毒液进行消毒。放置在外的脚踏消毒盆须盖好盖子，以防雨水稀释消毒剂污染外部环境。在踏入消毒盆前先要清洁鞋上的污物，确保消毒效果。最好在每栋鸡舍门口更换一次性鞋套。

工作人员在鸡舍需要做到的生物安全措施：定期打扫鸡舍和鸡舍周围，保持鸡舍干净整洁，无明显的灰尘和蜘蛛网。定期对鸡舍门前、排水沟及周围清理消毒。鸡舍门前配备洗手盆和喷雾消毒设备，每天更换消毒水，确保进舍人员能够进行有效洗手和气雾消毒。每月至少 3 次对鸡舍饮水系统进行消毒，采用酸化剂按规定剂量进行浸泡、冲洗，保证鸡群饮水卫生。鸡只淘汰或转群后，需要立即进行清洗、消毒工作。消毒前应先进行检查验收，合格后方可进入消毒、空置期。空置鸡舍门口张贴消毒记录和首次消毒时间，育雏、育成舍空置时间不少于 18 d，产蛋舍空置时间不少于 21 d。

5. 参观完成

参观完成后，更换衣服和鞋子，从指定的通道返回生活区。

六、作业

完成实习报告。

实习八　蛋的清洗分级等初加工

一、实习目的

了解现代化蛋鸡场蛋品清洗分级加工工艺流程，包括鸡蛋的清洗、消毒、喷码、涂釉、分级包装等生产技术环节和产品检验制度，掌握各环节使用的设备和材料，了解蛋鸡行业现状和发展前景。

二、实习材料

笔记本，笔，电脑，鸡蛋，消毒水，可食用矿物油，各规格包装材料等。

三、实习要求

了解鸡蛋清洗分级等初加工流程，掌握全自动蛋品清洗分级机、喷码机、电子重量分级系统的组成。

四、实习内容

1. 分拣

将原料蛋运到机头处，开始人工分拣，挑出双黄蛋、畸形蛋、血污蛋、粪便污染蛋。将合格鸡蛋摆满机器运输部位，进入清洗设备。

2. 光检

原料蛋进入光检程序。实习人员站在光检箱内，鸡蛋传送装置下方有灯箱，可以观察鸡蛋蛋壳的完整结构，通过肉眼观察裂纹蛋。

3. 清洗消毒

采用提前配制好的 1∶1 000 浓度的喷淋用水。消毒设备运转时，喷淋用水通过自吸泵从水箱进入加热装置，通过加热装置将水温提升到 70 ℃，经喷头对鸡蛋进行喷淋，以去除鸡蛋表面的粪污、血污、有害微生物。

4. 毛刷清洁

消毒后，鸡蛋进入毛刷系统，通过两道高位和一道低位毛刷，全方位快速洗刷除污，彻底清除蛋壳上残留的羽毛、粪便等。

5. 热空气烘干

清洁后，鸡蛋进入烘干区。此区域是通过电将空气加热，经热气管道直接吹到鸡蛋表面，并在顶部由电扇吹干。该过程可以进一步杀灭有害微生物。

6. 喷码

鸡蛋经过烘干后，进入喷码机，在确定试喷码的效果后，可连续作业。喷码下方有红外线感应探头，鸡蛋经过探头时，喷头射出油墨。鸡蛋的来源、生产日期、类别等信息均可喷码。

7. 雾化

喷码完成后，鸡蛋进入雾化系统，雾化系统主要喷淋食用矿物油。将矿物油灌注进设备油箱，通过喷油泵打入雾化系统，每个鸡蛋进入雾化系统均被喷上一层矿物油。通过此种处理，可以为鸡蛋重新穿上保护衣，使鸡蛋的保质期延长。

8. 分级

为满足不同消费者的需要，鸡蛋通过电子重量分级系统进行分级。整套系统共有5个分级秤，分级秤的额定重量由大到小。每个分级秤的前方都有一个机械感应装置，鸡蛋进入感应装置，重量达到额定重量的个体会被系统弹出，进入包装区。与人工分级相比，该系统极大地提高了工作效率。

9. 包装

人工对不同分级的鸡蛋进行包装，产品的品牌信息等标注在包装上。

五、实习方法

进入蛋品清洗分级加工车间，根据参观实习和技术讲解，现场识别鸡蛋的清洗、消毒、喷码、涂釉、分级包装等设备，并对加工技术环节和产品检验制度进行学习，熟悉工艺流程。

六、作业

根据实习地点的蛋品清洗分级加工系统的实际情况，绘制流程图。

实习九　商品蛋鸡场规划布局和生产工艺设计

一、实习目的

掌握商品蛋鸡场的功能区域划分及设计要求；了解商品蛋鸡舍内配套的生产设备。

二、实习材料

结合课程和当地条件选择商品蛋鸡场参观实习。所选蛋鸡场应具备较完整的功能区划分和相应的机械化生产设备。

三、实习要求

①在掌握商品蛋鸡场规划布局和生产工艺基本理论后进行现场参观实习或线上实习。

②分小组参观实习，根据课程规模分组，原则上每组不多于 10 人。

③需严格遵守鸡场防疫安全流程，进入鸡舍前做好消毒工作。

④实地参观机械及电子设备时需注意人员安全。

四、实习内容

商品蛋鸡生产一般分为两段饲养或三段饲养，两段饲养包括育雏育成鸡（0～17 周龄），产蛋鸡（18 周龄至淘汰）；三段饲养包括育雏鸡（0～6 周龄），育成鸡（7～17 周龄），产蛋鸡（18 周龄至淘汰）。本次实习主要围绕产蛋鸡介绍规模化商品蛋鸡场的布局规划及主要生产设备。

1. 场址选择

蛋鸡场一般选址在地势较高，背风向阳，通风良好的区域。场区应位于当地居民区常年主导下风向；距离人类集中活动场所（如学校、村庄、集镇、工厂等）及公路、铁路等交通干线 1 000 m 以上；距离生活饮用水源地、动物屠宰加工场所、动物及产品交易场所 500 m 以上。场区所在地应遵循“四通”原则，即通信、通电、通水、通路。禁止在生活饮用水源保护区、风景名胜区、自然保护区、旅游区和自然环境污染严重的地区建场。

2. 场区整体规划布局

蛋鸡场的规划布局以优化生产管理流程、提高生产效率、防止疾病传播为基本原则。按主导风向、地势高低依次划分为管理区、生产区和隔离区。

(1)管理区　管理区主要为员工办公生活区域,人员出入频繁,应位于生产区外侧,常年主导上风向且地势较高处。管理区一般设有传达室、消毒室、防疫间、办公室、财务室、技术室、配电室、杂品库及员工宿舍、食堂等。大门前需设消毒更衣室和车辆消毒池(长度为最大车辆长度的1.3~1.5倍,深度为30~50 cm)。管理区与生产区应间隔100 m以上,设置隔离池,并用围墙隔开。

(2)生产区　生产区是蛋鸡场的核心区域,按照风向从上到下依次设置育雏舍(0~6周龄),育成舍(7~20周龄),产蛋鸡舍(20周龄至淘汰),饲料仓库,蛋库等。生产区门口应有更衣消毒室,供进入生产区人员消毒。每栋鸡舍入口处应设消毒池,供进入人员消毒。育雏鸡舍、育成鸡舍与产蛋鸡舍的间距应大于产蛋鸡舍间的间距,并设隔离屏障,以防止交叉感染。大型的蛋鸡场通常将各日龄的鸡单独设场,分场之间留有一定的防疫距离并实行全进全出制。各生产小区的饲养管理人员、运输车辆和设备要严格控制、防止交叉感染。生产区的道路应明确划分净道和污道。净道用于运输饲料、鸡群和鸡蛋,污道用于运输粪便、病鸡和死鸡。二者不得交叉使用。道路推荐使用混凝土结构,厚度一般为15~18cm,混凝土强度C20以上,道路与建筑物距离为2~4 m。

(3)隔离区　隔离区包括隔离室(病、死鸡)、兽医室、尸体解剖化验室和粪污处理及贮存设施,是卫生防疫和环境保护工作的重点区域。该区应设在全场的下风向、地势最低处,且与其他两区距离50 m以上。

3. 鸡舍建筑

1)建筑类型

(1)开放式鸡舍　墙面部分或全部敞开,敞开部分附设塑料薄膜或活动卷帘,通过卷帘的升降来调节通风、光照和温度。此类鸡舍主要依赖自然通风,自然采光,舍内温湿度基本随季节变化而变化。开放式鸡舍造价低,通风良好,但冬季保温性能较差,因此较适宜于气候炎热的地区。

(2)密闭式鸡舍　包括有窗式和无窗式两种,完全采用人工光照和机械通风,并设有夏季降温和冬季供暖设备。此类鸡舍受外界自然气候影响较小,保温性能好,寒冷季节鸡体散热量少,饲料转化率较高。密闭性良好,可有效杜绝自然媒介传染疾病。密闭式鸡舍建造成本高,对电的依赖性大,一旦遇到停电会造成严重后果，需配备可靠的备用电源。

(3)半开放式鸡舍　开放式鸡舍和密闭式鸡舍的结合体，即在开放式鸡舍的结构基础上增设了通风、降温、光照等设备。当自然条件合适时，进行自然通风采光；当外界温度过高或过低时，启动人工设备进行调节。此类鸡舍造价适中，能耗较低，适于冬季需保温，夏季需防暑的地区。但鸡舍封闭性较差，纵向通风降温效果劣于密闭式鸡舍。

2)鸡舍布局及朝向

鸡舍朝向应根据当地的地理位置、气候条件、鸡舍的采光、通风、排污等情况综合考虑。我国地处北半球，冬季日光斜射，鸡舍朝南可充分利用太阳辐射的热效应对鸡舍进行防寒保温；夏季日光直射，太阳高度角大，有利于防暑降温。此外，我国夏季盛行东南风，冬季多东北风或西北风，南向鸡舍的通风效果较好。

鸡舍间距指鸡舍与鸡舍之间的距离，关系着鸡场的防疫、排污、防火和占地面积，与鸡场的经济效益直接相关。一般情况下，鸡舍防疫间距为两舍平均屋檐高的3～5倍，防火间距为10 m，排污间距一般为鸡舍高度的2倍。

3)鸡舍内部设计

鸡舍面积应根据饲养规模、饲养方式和饲养密度来决定，一般取决于鸡舍的跨度和机械化程度。鸡舍跨度根据舍内鸡笼列数和通道宽度来确定，开放式鸡舍跨度不宜过大，否则会影响鸡舍的通风和采光。鸡舍中间通道宽度一般为1.5～1.8 m，单侧通道宽度一般为1～1.2 m。育雏舍笼具之间的通道为0.8～1.0 m。鸡舍的高度以最上层的鸡笼距天棚或屋顶1～1.5 m为宜。有窗鸡舍窗户与地面面积之比为1∶12，后窗面积应为前窗面积的2/3左右，窗间距保持一致。无窗鸡舍应只设应急窗和通风进出气孔。

4. 商品蛋鸡场常用设备

1)饲喂设备

行车式喂料系统(图2-9-1)是目前商品蛋鸡场普遍采用的一种自动饲喂系统，由机架、行走动力输出系统、行走系统、下料动力系统、料量调节系统和配电系统组成。行车式喂料系统可均匀布料，精准控制落料量；匀料器可通过翻料防止饲料堆积霉变。行车式喂料系统经济、简单、运行平稳，能耗低，维修率低，噪声相对较小。

2)饮水设备

蛋鸡场供水系统包括加药器、电子水表、调压器及水线。饮水器具多采用乳头式饮水器(图2-9-2)。鸡只通过触碰阀杆使其和内部橡胶密封圈产生间隙，水通过间隙流出。当鸡只停止触碰阀杆时，阀杆恢复原状，停止出水。乳头饮水器的出水量可通过调压器控制，育雏、育成鸡一般为(日龄＋20)mL/min；产蛋鸡一般为

图 2-9-1 行车喂料系统

120～160 mL/min，夏季为 160 mL/min。乳头饮水器方便、卫生，可以大大降低劳动强度，提高工作效率。

图 2-9-2 乳头饮水器(左)和水线冲洗阀(右)

3)通风降温设备

适宜的温度、湿度及空气质量对蛋鸡的健康及生产性能至关重要。蛋鸡舍内适宜的温湿度参考值如表 2-9-1 所示。常用的机械通风设备包括风机(图 2-9-3)，湿帘(图 2-9-4)，导流板(图 2-9-5)等。高温季节，利用风机将舍内多余的热量和污浊空气抽出，在舍内形成负压，引导舍内空气自主流通；风机运行过程中，舍内多余的水分和 CO_2、NH_3 等有害气体也会随之排出，进而改善舍内的气体环境。湿帘主要在夏季高温时使用，负压通风条件下，热空气通过湿帘实现降温后进入舍内，为鸡舍注入新鲜空气的同时可有效降低鸡舍气温 5～8 ℃。冬季则主要通过通风小窗进行横向通风。每个小窗应在舍内安装导流板，预防冷空气不经预热而直接作用于鸡群；小窗的高度要高于鸡笼高度 10～15 cm，且处于同一水平。

表 2-9-1　商品蛋鸡场温湿度参考

日龄/d	温度/℃	湿度/%
1～3	35～37	
4～7	33～34	60～65
8～14	31～32	
15～21	28～30	
22～28	25～27	50～60
29～35	22～24	
≥35	18～21	

注：实际生产中数值或有细微调整。

图 2-9-3　风机

图 2-9-4　湿帘

4）光照设备

光照时间及光照强度对蛋鸡生长发育、生产性能和行为至关重要。密闭鸡舍中常采用人工照明设备。LED 灯因其寿命长、节能、发光效率高等优势被广泛应用于实际生产中。对于集约化商品蛋鸡生产中常用的阶梯式笼养和层叠式笼养，灯具布置形式为高低两层来保证各层鸡笼的均匀光照（图 2-9-1）。通常，

图 2-9-5　导流板

下层灯距地面 1.8～2.2 m，上层灯距笼顶 0.2～0.4 m。不同日龄蛋鸡所需的光照时间和强度如表 2-9-2 所示。光照时间通过安装计时器实现自动开关灯，光照强度也可通过调压变压器进行调节以适应不同阶段蛋鸡的生长发育和生产性能。目前已有灯具可模拟日出日落，实现渐明渐暗的功能。

表 2-9-2 商品蛋鸡场光照程序

日龄(d)/周龄(wk)	光照强度/lx	光照时间
1～3 d	20～40	24 h
4～14 d	5	每天减少 1～13 h
15～21 d	5	每天减少 0.5～9.5 h
22～28 d	5	9 h
5～15wk	5	8 h
16～18wk	5	每周增加 1～11 h
≥19wk	10～20	每周增加 0.5～16 h

注：实际生产中的数值或有细微调整。

5)集蛋设备

为降低劳动强度，提高生产效率，规模化商品蛋鸡场通常会配备自动集蛋系统(图 2-9-6)。以层叠式笼养为例，自动集蛋系统在每层鸡笼都设有集蛋带，各层鸡蛋从笼内滚动到蛋槽后，由集蛋带运输到鸡舍前端。小型蛋鸡场会在立式集蛋机前设立集蛋台，由人工装箱。大型商品蛋鸡场通过立式集蛋机将各层鸡蛋汇聚到中央集蛋线上，软皮蛋和破蛋会在运输过程中被自动筛选和收集，以防止鸡蛋堆积及传输带受到污染。中央集蛋线上的电子技术系统会精确地统计每天所生产的鸡蛋。有的系统还配备了智能鸡蛋扫描设备，用来自动划分鸡蛋等级，然后分别运输到不同生产线上。自动集蛋系统拥有强大的集蛋能力(约 1.2 万枚/h)，运行平稳，

图 2-9-6 集蛋带(左)和立式集蛋机(右)

破蛋率低(＜2%)，操作简单，可极大地提高工作效率，同时避免闲杂人员频繁出入鸡舍，有效地防止了鸡舍内疾病的传播。

6)笼具

我国商品蛋鸡场的生产模式普遍为层叠式笼养(图2-9-7)。育雏笼饲养密度一般为30～60只/m^2，随着鸡只生长逐渐分群，弱雏置于上层，强雏置于下层；产蛋笼饲养密度一般为15～16只/m^2。产蛋笼设推拉笼门，简单易开启，方便抓鸡；水线贯穿笼内；底网为7°斜面，方便鸡蛋滚落至集蛋槽内。

图2-9-7　层叠式笼养-产蛋笼

7)清粪设备

商业蛋鸡场常用的清粪设备主要包括刮板清粪机和传送带清粪。刮板式清粪机多用于阶梯式笼养和网上平养，清粪时通过绳索牵引刮粪板，将粪便集中后再送出舍外。钢丝绳牵引的刮粪机结构比较简单，维修方便，但刮粪速度较慢(2～3 m/min)，钢丝绳易被粪污腐蚀而断裂。传送带式清粪多用于高密度层叠式笼养鸡舍，也适用于阶梯式笼养。粪便通过传送带运送至鸡舍一端，被端部设置的刮粪板刮落后运出鸡舍(图2-9-8)。传送带清粪运行流畅，噪声较小，能极大地降低舍内的有害气体浓度；此外，传送带上的鸡粪相对干燥，更易于处理和深加工。

8)中心控制系统

规模化蛋鸡场均配备有中心控制系统用以管理、协调和监测各个系统设备的工作状态，包括通风系统运行、光照调节、舍内环境参数(温度、湿度、CO_2等)监测、采食饮水量统计等。例如，当舍内安装的温度传感器检测到舍内温度高于设定阈值时，中心控制系统会启动风机湿帘进行通风降温，维持舍内环境稳定。

图 2-9-8 传送带清粪

五、实习方法

按照生产流程参观蛋鸡场各功能区建筑、相应设施及生产工艺并做好参观实习记录。

六、作业

完成蛋鸡场参观实习报告；完成蛋鸡场规划布局示意图并针对所参观蛋鸡场的生产工艺流程、场区布局及设备配套进行评价并提出意见或建议。

参 考 文 献

[1]杨宁.家禽生产学.北京:中国农业出版社,2010.

[2]周贵等.畜禽生产学实验教程.北京:中国农业大学出版社,2006.

[3]董常生.家畜解剖学.北京:中国农业出版社,2015.

[4]黄国清,刘三凤.家禽生产.北京:中国农业大学出版社,2016.

[5]付兴周.家禽生产学.郑州:郑州大学出版社,2017.

[6]潘琦.畜禽生产技术实训教程.北京:化学工业出版社,2017.

[7]刘继军.畜牧场规划设计.2版.北京:中国农业出版社,2018.

[8]耿爱莲,刘辉,张剑,等.散养条件下北京油鸡产蛋期行为谱及活动特征.中国家禽,2020,42(10):81-86.

[9]姜旭明,齐智利,齐德生,等.不同饲养方式对肉仔鸡健康状况和行为的影响.动物营养学报.2009,21(02):160-164.

[10]郑茗,聂庆华.鸡攻击行为及其影响因素研究进展.中国家禽,2014,36(20):39-42.

[11]房祥玲,郭盘江.原鸡行为特征研究进展.畜牧与饲料科学,2019,40(01):80-84.

[12]NY/T 1333—2007.畜禽肉质的测定.

[13]NY/T 1180—2006.肉嫩度的测定　剪切力测定法.

[14]NY/T 1551—2007.禽蛋清选消毒分级技术规范.

本教材相关的部分拓展内容可参见中国大学 MOOC 网《禽生产学》在线课程(西北农林科技大学)。